The Miracle Morning

早起的奇迹

那些能够在早晨 8：00 前改变人生的秘密

[美] 哈尔·埃尔罗德（Hal Elrod）◎著

易 伊 ◎译

SPM
南方出版传媒
广东人民出版社
·广州·

图书在版编目（CIP）数据

早起的奇迹 /（美）哈尔·埃尔罗德（Hal Elrod）著；易 伊译 . —广州：广东人民出版社，2018.1

ISBN 978-7-218-12394-3

Ⅰ . ①早… Ⅱ . ①哈… ②易… Ⅲ . ①成功心理－通俗读物 Ⅳ . ① B848.4-49

中国版本图书馆 CIP 数据核字（2017）第 305247 号

The Miracle Morning: The Not-So-Obvious Secret Guaranteed to Transform Your Life (Before 8 AM)
by Hal Elrod
Copyright © 2014 Hal Elord International, Inc.
Published in agreement with Sterling Lord Literistic through The Grayhawk Agency
Simplified Chinese edition copyright © 2018 **Grand China Publishing House**
All rights reserved.

ZaoQi De QiJi

早起的奇迹

[美] 哈尔·埃尔罗德（Hal Elrod） 著 易 伊译　　　　　版权所有　翻印必究

出 版 人：肖风华

策　　划：中资海派
执行策划：黄 河 桂 林
责任编辑：罗 丹
特约编辑：周丹丹 宋金龙
版式设计：刘 榴 吴惠婷
封面设计：WONDERLAND Book design
　　　　　　仙德 QQ:344581934

出版发行：广东人民出版社
地　　址：广州市大沙头四马路 10 号（邮政编码：510102）
电　　话：(020) 83798714（总编室）
传　　真：(020) 83780199
网　　址：http://www.gdpph.com
印　　刷：深圳市精彩印联合印务有限公司
开　　本：787mm×1092mm　1/32
印　　张：8　字　数：150 千
版　　次：2018 年 1 月第 1 版　2018 年 11 月第 5 次印刷
定　　价：39.80 元

如发现印装质量问题，影响阅读，请与出版社（020-83795749）联系调换。
售书热线：(020) 83795240

我要学会掌控
自己的工作和生活，
无论我经历了
怎样的过去，
都应该拥有更好的
未来。

罗伯特·清崎（Robert Kiyosaki）

《富爸爸穷爸爸》（*Rich Dad Poor Dad*）作者

哈尔简直是个天才，《早起的奇迹》给我的生活带来了奇迹。书中不仅提供了最好的个人成长计划，重塑了数世纪以来人们对于改变的认知，还为读者提供最有效的个人提升项目。现在，这些项目已经变成我每天早上的必做之事。

蒂姆·桑德斯（Tim Sanders）

雅虎前首席问题官

畅销书《魅力赢天下》（*The Likeability Factor*）作者

每隔一段时间，你都可能读到一本改变你人生观的书，但很少能遇到一本能真正改变你生活方式的作品。早起可以改变你的人生，它的神奇超乎你想象。

帕特·弗林（Pat Flynn）

《一起出发》（*Let's Go*）作者

  我以前喜欢熬夜，从没有过早起的念头。既然熬夜也能活得井然有序，那为什么还要改变呢？当耐心地听完亲身实践者讲述早起是如何帮助他们获得成功、调节情绪和改变人生的故事后，我决心按照本书介绍的方法尝试早起。现在我至少已经坚持了3周，不仅注意力和情绪发生了积极改变，而且也知道如何发挥自己的潜力了。

伊凡·米斯纳博士（Dr. Ivan Misner）

世界商讯机构（BNI）创始人和CEO

  阅读本书，你每天早晨都能精神抖擞地醒来。你应该创造并获得自己想要的生活。立即开始行动吧！

杰弗里·吉特默（Jeffrey Gitomer）

畅销书《销售圣经》（*The Sales Bible*）作者

  哈尔·埃尔罗德完全可以称得上是励志典范，他不仅总结了自己传奇经历中的经验，还教你如何创造自己的奇迹。

鲁迪·鲁迪格（Rudy Ruettiger）

电影《追梦赤子心》（*Rudy*）原型

  《早起的奇迹》是一本能帮你在生活中的每一个领域产生即时

和深刻改变的作品。如果你真的想提升自己的生活品质，立即阅读这本书吧！

黛博拉·伯尼曼（Debra Poneman）
《美国偶像灵魂鸡汤》
（*Chicken Soup for the American Idol Soul*）合著者

我爱哈尔。他是一位出色的导师，满腹经纶且为人正直。他的第一本书《让生活继续》完全改变了我每天的生活方式。我一直在耐心等待他的下一本书。现在，《早起的奇迹》终于来了。这本书没有辜负广大读者对哈尔的期待，他给了我们创造成功和幸福的蓝图，无论你现在处境如何，都可以借此改变生活。

约什·希普（Josh Shipp）
电视节目主持人，青少年行为研究专家

初读这本书时，我认为作者一定是疯了！为什么会有人那么早起床？！但直到我亲身尝试哈尔的方法，才真正发现个人生活和职业生涯都发生了巨大的积极转变。《早起的奇迹》将告诉你如何掌控生活，无论你经历了怎样的过去，都将拥有更好的未来。

梅勒妮·德彭　企业家（宾夕法尼亚州）

我已经坚持进行"神奇的早起"79天了。从第一天开始，我就再也没有晚起过。坦白讲，这还是我人生中第一次如此持之以恒地做一件事！现在我希望自己以后每天都能早起。太神奇了，"神奇的早起"彻底改变了我的人生。

道恩·波格　销售代表（加拿大莱克菲尔德）

今天是我第60天早起！目前我的变化包括：

- ☑ 减重9公斤；
- ☑ 彻底戒烟；
- ☑ 每天都开心；
- ☑ 每天都精力充沛；
- ☑ "神奇的早起"让我变成了更好的自己！

罗伯·勒罗伊　高级客户经理（萨克拉门托市）

几个月前，我决定尝试进行"神奇的早起"，结果生活一下子全改变了。我的生活节奏太快，以至于自己都有些跟不上了！从此以后我变得更优秀了，而且这对我的事业也产生了积极的影响。本来我的业务处于泥沼之中，自从开始"神奇的早起"之后，我发现自己只需要每天认真地工作，就能挽救自己的事业。

麦克·德莫特　地区销售经理（加利福尼亚州）

我已经坚持进行"神奇的早起"10个月了。现在我的收入翻了一倍，正处于人生的巅峰阶段。我甚至等不及要和亲朋好友分享这个成果。毫无疑问，我是"神奇的早起"的超级粉丝！

纳坦亚·格林　瑜伽教练（萨克拉门托市）

2009年12月，我开始进行"神奇的早起"，当时我还是加州大学戴维斯分校的学生。很快，我的生活发生了重大改变，比如我变得更容易实现长期目标了，

减肥成功了，找到新的爱人了，成绩创造历史新高了，收入增加了。这一切都发生在短短两个月之内。现在，虽然时隔多年，但"神奇的早起"仍然是我日常生活中不可或缺的一部分。

迈克尔·里夫斯　大学生（加利福尼亚州）

当第一次听说这本书时，我想：很疯狂，但或许值得一试。我是一名大学生，每年要上19门课，都快忙疯了，根本没时间实现

自己其他的目标。开始"神奇的早起"前，我每天 7：00 ～ 9：00 起床，因为必须为上课养足精神，但现在我每天 5：00 就起床了，我在个人发展方面取得了很多成果。我爱早起！

威廉·霍根　区域经理（俄勒冈州）

实行"神奇的早起"计划后，我减掉了 11 公斤。我从未像现在这样健康、快乐和高效！我每天能够完成比以前更多的事情。

乔希·泰尔巴　业务拓展顾问（爱德华州）

我真不知道该说什么。自从开始进行了"神奇的早起"，我的人生价值提升了超过 100 倍！

萨拉·盖耶　大学生（明尼苏达州）

坚持进行"神奇的早起"3 周后，我就戒掉了 3 年以来"嗑药"的习惯！《早起的奇迹》彻底改变了我的人生，所以我敢肯定它对你也有帮助。

拉伊·西亚法迪尼　区域经理（马里兰州）

我已经连续进行"神奇的早起"83 天了，我真希望自己可以早点遇到这本书。现在，我的思维变得比以前更敏捷了，而且每天都是活力四射，我能更好地专注工作。感谢《早起的奇迹》，让我比以前过得更加充实、富足。

安德鲁·巴克斯代尔　企业家（奥地利维也纳）

《早起的奇迹》揭开了我人生的新篇章，它也能够开启你的新人生。谢谢你，哈尔。

约瑟夫·迪欧萨那　房地产经纪人（休斯敦）

本书让我的每一天都变成了圣诞节。现在我甚至在周末也会进行"神奇的早起"。

奇迹，就在早起的瞬间发生

　　无论你现在是处于人生的颠覆时期，还是正在困顿和迷茫中生活，我知道，我们至少有一个共同点：怀揣着雄心壮志，想要不断提升自我，让生活变得更美好。这并不意味着我们自己或现在的生活很糟糕，而是"人往高处走"的内在欲求不断推动我们向前发展。我相信，每个人都认为自己会成功，但大多数人每天早晨醒来时，都会发现今天跟昨天相比没有丝毫差别。

　　作为一名作家、专业演说家和人生事业的成功学教练，我的工作是以最快的速度改变别人的人生，让他们在自己的领域变得更加成功和充实。

　　通过对人类潜能和个人发展的多年研究，我绝对有信心告诉读者："《早起的奇迹》是一本以结果为导向，最实用且最有效的工具书，它能让你在人生的每一个领域都更上一层楼，而且速度绝对超乎你想象。"

对于那些已经有所成就的准人生赢家而言，本书能够帮你继续突破自我达到传说中的至高境界，改变你的生活和职业前景，包括增加家庭收入、提高销售业绩、增长公司收益等。同时，它也可以帮你开拓更多的隐形道路，让你体会到人生各方面更深层次的充实和平衡。

你的健康、幸福、人际关系、财务状况和精神境界都将得到升华。而对于那些正处于人生低谷或者在泥沼中苦苦挣扎的人而言，无论你是在精神、身体、财务、人际关系或者其他方面面临危机，事实都一再证明，"神奇的早起"就是你的雪中炭和及时雨，它能助你跨过貌似无法逾越的高山，让你在电光火石之间创造属于自己的奇迹。

无论你是希望自己能够在少数几个方面取得突破，还是期盼自己的人生发生翻天覆地的变化，只要翻开这本书，你过去的处境和生活，将会成为永恒的历史。你即将开启一段神奇之旅。书中简单又极具革命性的方法，能够保证彻底改变你的人生，而所有的奇迹都发生在早晨 8：00 之前。

我没疯。我知道自己许下了一个分量十足的承诺，但全世界成千上万人的真实案例已经证明，本书绝对能助你一臂之力。我非常荣幸可以把它分享给你。我付出了巨大的努力，确保这本书能够真正帮你充分利用时间、保持精力和提高专注力，让你的人生更上一层楼。感谢你，允许我成为你生命中的一部分，现在，就让我们共同踏上这段奇迹之旅吧！

人生最大的奇迹，就是成为梦想中的自己

人生只有两种生活方式：一种认为一切都是寻常，一种认为一切都是奇迹。

——阿尔伯特·爱因斯坦

奇迹的发生并不违反大自然的定律，只不过是违反了我们目前所知的大自然。

——圣·奥古斯丁

1999 年 12 月 3 日，岁月静好，不，事实上一切都棒极了。那年我 20 岁，风华正茂，雄心勃勃，正准备迈入大学。在此前的 18 个月，我成为了一家市值两亿美元的营销公司的顶级销售

代表，频频打破公司销售纪录，赚到远远超过自己期望的金钱；我还有一位深爱我的女友，一个充满爱的家庭，以及一群最理想的挚友。没错，上天待我不薄。你或许会说我正处于人生巅峰，连我自己也没想到，世界末日正在前方等着我。

你所获得的一切，都可能在瞬间失去

当晚，我和女友还有几个朋友从一家餐厅吃完晚饭之后驾车回家，我载着女友，朋友们同乘另一辆车。经历了一晚的喧嚣，女友困了，坐在副驾驶座上打盹，但我很清醒。我双手握着方向盘，随意翘起右手食指，在空中摆动，仿佛在指挥车内流淌的柴可夫斯基钢琴曲。

我仍处于兴奋状态，驾驶着崭新的白色福特野马汽车以 112 千米/小时的速度飞驰在高速公路上，没有丝毫倦意。两个小时前，在有生以来最成功的演讲中，我第一次得到观众长时间的起立鼓掌，这让我非常兴奋。我想跟所有人分享内心的喜悦，但转头看看我的女友已经睡着。于是我考虑给父母打电话，但他们可能也已经睡了。我当时真应该毫不犹豫地拨通电话，因为我怎么也不会想到，那会是我和父母最后的通话机会。

在我的记忆里，并没有那辆大型雪佛兰汽车前车灯朝我扑来的画面，但它确实以 128 千米/小时的速度迎面撞上了我的野马汽车。接下来，我的面前呈现出一系列慢镜头，似乎伴随着柴可夫斯基的音乐，我的世界跳起了堕入地狱的舞蹈。

当两辆车相撞的一刹那，金属外壳开始尖叫、扭曲、压缩、变形。野马汽车的安全气囊瞬间弹出。我的头由于惯性仍在快速前冲，前额受安全气囊的强烈冲击，整个人瞬间丧失了意识，随后检查发现我的大脑额叶由于撞击而受损。

被雪弗兰汽车撞击后，我的野马汽车尾部被甩到右侧车道，又被一名 16 岁的少年驾驶的土星汽车以 112 千米 / 小时的速度撞上了驾驶侧车门，车门又撞上了我；野马汽车的金属顶棚在巨大的冲力下折断下凹，直接切开了我的颅骨，左眼窝骨骼碎裂，眼球差点被挤出来，还差点削掉了我的左耳；我的左前臂也折断了，肘部粉碎，断裂的骨头从我的肱二头肌直刺出来；由于雪佛兰汽车跟我是正面相撞，变形的中控台把我的盆骨挤碎成了三块；我的大腿骨来了个对折，白森森的骨头肌肉穿出，也穿破了我的黑色牛仔裤。

到处都是鲜血，我的身体完全被摧毁了，大脑也受到永久性损伤。由于无法承受巨大的生理痛苦，我的身体机能停止了运作：我的血压迅速下降，整个人陷入了昏迷。

接下来发生的事情，堪称奇迹。

紧急救援队抵达后，救生员用救生颚①将我血淋淋的身体从汽车残骸中搬出。当时我血流如注，心脏也停止了跳动，几乎没

---

①救生颚，用于营救的剪刀状液压装置。——译者注

有了呼吸。是的，临床死亡[1]。

救护人员立即把我送上直升机，展开急救。6分钟后，他们竟然把我从死神手中拉了回来。我的心脏再次开始跳动，呼吸系统开始主动吸入氧气。谢天谢地，我又活了过来。

我昏迷了整整6天，醒来时得知，自己可能再也无法走路。随后，我在医院经历了7周的康复治疗，幸好又重新学会了走路。我出院回到家，由父母照料。在此次事故中，我浑身骨折11处，大脑受到永久性损伤，躺在医院的女友变成了前女友。我知道自己从前的生活一去不复返了，但这场不幸的灾难为我开启了另一段非同寻常的人生。

尽管跟新生活搏斗并不容易，我终日抱怨为什么这一切会发生在自己身上，但最终，我选择肩负起让人生重回正轨的责任。我不再抱怨生活，而是学会拥抱现实；我也不再把精力花在祈祷生活能有起色，或者灾祸不再降临到自己身上，而是百分百地投入现有的生活当中。既然我无力改变过去，那就创造未来。因为我曾投入全部的精力去发掘自己的潜力，实现自己的梦想，所以我知道如何才能让别人做到同样的事情。

由于我感恩自己拥有的一切，接受了失去某些东西的事实，并选择承担创造未来的重任，所以那场毁灭性的车祸，最终变成

---

[1]临床死亡，指心跳和呼吸停止，一般在心跳停止5～8分钟内，称临床死亡期。从外表看，人体生命活动已经消失，但组织内微弱的代谢过程仍在进行；脑中枢功能活动不正常，但是尚未进入不可逆转的状态，处于临床死亡期的病员是可能复苏的。——译者注

了我重新登上人生高峰的重大转折点。尽管大多数人都相信万事皆有因，但选择那些能让自己积极应对人生的挑战、困难和境遇的原因，是我们的责任。

我把那场车祸变成了让自己卷土重来、反败为胜的契机。

既然活下来，就不能白活着

2000 年，我躺在医院。我的身体被摧毁了，但意志并没有被打败。因此，2000 年的结尾跟开头很不一样。尽管失去了那辆野马汽车和一段记忆，我也有很多借口可以让自己待在家里自怨自艾，但是我毅然回到了卡特扣公司（Cutco）的销售岗位。那一年的年终，我取得了职业生涯中最棒的业绩——在 6 万名销售代表中排名第 6。这是我在身体、心理、情绪和财务的恢复过程中所取得的成绩。

2001 年，当从过去的经历中汲取宝贵的人生经验后，我想是时候将自己的不幸变成对他人的激励和鼓舞了。随后，我开始在各大高校进行演讲，分享自己的故事。学生和教师们的反响都非常积极，从此我就肩负起激励年轻人的重任。

2002 年，我的好朋友乔恩·伯格霍夫（Jon Berghoff）鼓励我写一本关于那场车祸的书激励他人，但刚提笔我就停下了，因为我并不擅长写作。对我而言，高中的写作课已经够难了，更不要说写一本书。虽然经过多次尝试，但我还是心灰意冷地坐在空

白的电脑屏幕前。看起来，这本书注定要胎死腹中。当年，我的销售业绩排名整个公司第 10 位。

2004 年，我开始尝试走上管理岗位，担任卡特扣公司萨克拉门托（Sacramento）办事处的销售经理一职。那一年，我的销售团队取得了全公司第一名的成绩，并打破了全年销售纪录。那年秋天，我也取得了个人最佳销售业绩，并入选公司名人堂。我感觉自己在卡特扣公司已经达到了职业顶峰，于是开始考虑转型做职业演讲人。我甚至打算写自己最近两年一直在构思的书，而且，我遇到了乌尔苏拉（Ursula），当时我就知道，她就是我命中注定的另一半，随后我们就成了形影不离的伴侣。

2005 年 2 月，我打算辞职。但是坐在公司年度表彰大会的听众席，我突然意识到了一个痛苦的事实：自己还未能充分发挥潜力。是的，我的确打破了几项销售纪录，但获得卡特扣公司年度业绩冠军，并领取公司的最高奖品——劳力士手表的人并不是我。我决定，在完全挖掘自己的潜力之前，绝不会离开这家公司。我要再干一年，这一次，我要全力以赴。

2005 年，尽管制订销售计划较晚，但我设定的销售目标仍是以往最佳年度业绩的两倍。这似乎是个不可能实现的目标，但仍决心一试。同时，我依然认为自己有义务写出自己的故事，和全世界的人分享。这一年，我每天都兢兢业业地销售、写作，自律程度达到了 25 年来的巅峰。我雄心勃勃地想要做一件自己从未做过的事情：走出舒适区，跨入一个非凡的领域。年末，我实现了两个目标：将年度最佳销售纪录翻了一倍，写完人生中的第一本书。世上无难事，只怕有心人。

2006 年春，我的第一本书《直面生活：热爱生活，创造人生》（*Taking Life Head On: How to Love the Life You Have While You Create the Life of Your Dreams*）在英文亚马逊畅销榜上排名第 7，但意想不到的事情发生了：出版商卷走了所有的版税外逃出境，从此杳无音讯。我的父母对此深感震惊，但我非常淡定，因为从那场车祸中，我学会了不再为无法改变的事浪费感情。此外，我还懂得了如果我们想从困难中学习，并且将自己所学惠及他人，就能将任何灾难变成机遇。

2006 年，一次偶然的机会，我转型成了人生教练，当时我对这个行业还知之甚少。当时，一名 40 多岁的财务顾问询问我能否成为他的教练，我同意了。在我的指导下，他的人生和事业都有了非常大的起色。结束培训时，我爱上了教练这个角色，因为我可以借此帮助他人。

对于年仅 26 岁的我来说，摇身一变成为人生教练的可能性几乎为零。可是，这份职业和我的人生理想高度重合，哪怕硬着头皮我也要尝试。从此，我走上了教练之路。截至目前，我训练了上万名企业家和销售员。

不久之后，我受邀担任美国男孩女孩俱乐部全国大会的特邀

主讲嘉宾。人生第一次进行有偿演讲。尽管自 1998 年开始，我就经常向销售员、经理和高管们无偿演讲，但这一次，我决定做一个新潮的发型，打扮得年轻一点，而且自称"你们的老朋友哈尔"来迎合青少年的口味。在台上，我和他们分享了自己高中和大学时的故事。

"神奇的早起"计划诞生

2008 年，我的人生再一次几近崩溃。美国经济遭遇重创，一夜之间，我的收入减少了一半。客户无钱再聘用教练，我也没钱支付房租等各种费用，我的负债达到了 42.5 万美元。无论是精神上、身体上还是财务上，我都跌到了谷底。我再一次感受到了命运的恶意，绝望、崩溃、沮丧……我不知该如何再次拯救自己的人生，为此我阅读了大量励志书籍，并参加各种培训班，甚至我也雇了一名教练，但一切努力都是白费力气。

虽然一直对自己的处境保密，但最后，我还是向一名挚友承认，自己的一切都糟透了。他问我："你锻炼吗？"

我说："早晨爬不起来，所以基本不锻炼。"

"开始晨跑吧，"他说，"它能让你的思维变得更清晰。"

我讨厌跑步。不过既然已经无路可走，我索性接受了朋友的建议，开始尝试晨跑。事实证明，晨跑成了我人生的转折点（详见第 2 章）。此外，我还制订了个人发展日程表，努力提升自我，扭转人生。让人难以置信的是，我的计划起效了。我的人生变化如此之快，因此，我将个人发展日程表命名为"神奇的早起"。

2008年秋，我继续开发"神奇的早起"日程表，开始试验不同的个人发展实践和睡眠时间表，并研究人类真正需要的睡眠量。令人吃惊的是，研究结果彻底颠覆了大众的常识。我将它分享给客户。他们迅速爱上了"神奇的早起"计划，随后又把这个秘诀告诉了他们的朋友、家人和同事。不久之后我就看到陌生人在Facebook和Twitter上贴出他们的"神奇的早起"计划，人数每天都在增加。

2009年，几乎是我人生中最完美的一年！首先，我娶了梦中女神乌尔苏拉为妻，并迎来了女儿的诞生；其次，我的教练事业蒸蒸日上，客户排起了长龙；最后，我的演讲事业也开始腾飞，许多高中、大学、企业和非营利组织都盛情邀请我担任演讲嘉宾。"神奇的早起"以野火燎原之势迅速传播开来。

每天，我都会收到人们的邮件，得知生活发生了哪些变化。我认为，跟全世界的人分享"神奇的早起"的最好方式就是再写一本书。于是，带着"只要功夫深，铁杵磨成针"的信念，我开始创作人生的第二本书。

经过三年的努力，《早起的奇迹》第一版终于在2012年出版。我被这本书取得的成绩惊呆了。它登上了当年英文亚马逊销售总榜的第一名，成为亚马逊历史上最畅销的书籍之一。截至目前，

这本书一共有 500 条评论[1]，更重要的是，读者纷纷评论说这本书改变了他们的生活。"神奇的早起"让人们拥有一种神奇的力量改变人生的各个方面。它几乎对所有人都适用，无论是家庭主妇还是大型企业 CEO。

挑战越巨大，成就越美妙

我将用自己的真实经历向你证明：人们可以克服任何困难并取得成果，无论你现在身处何地，面临多大的挑战。我曾死亡 6 分钟，而且被告知再也无法走路了，随后经历破产，甚至还抑郁到早晨无法起床。如果我能克服上述困难，你为什么不能战胜重重阻碍开创自己想要的人生？

我们必须坚信：别人能够做到的事情，我们也能做到。这一切始于我们开始自主承担人生各个方面的责任。你能承担多大的责任，就能拥有多大的力量改变或创造自己的人生。

同时，区分"承担"责任和"归咎"责任非常重要。"归咎"责任决定了谁要为错误负责，而"承担"责任则决定了由谁来推动事情向前发展。回想我的车祸经历，车祸应归咎于醉驾的雪佛兰司机，但我必须主动推动人生继续前进。谁是谁非不重要，重要的是我们必须抛开过去，踏上新的征程。

你不仅要知道自己现在的处境只是暂时的，还要清楚自己究

---

[1] 中文版面世时，原书已有接近 3 000 条评论，4.7 星。——译者注

竟想要得到什么。既然已经翻开了这本书，学到了自己必须学习的事情，你就一定可以成为自己真正想要成为的人，开创真正理想的人生。哪怕现在的生活非常困难。生活越是困难，就越是我们学习、成长，并实现最终腾飞的契机。你正在书写自己的人生，而世界上所有的好故事都是讲述英雄或勇士如何战胜困难的过程。事实上，挑战越巨大，成就越美妙。既然没有人规定你的故事接下来要如何发展，那么你想怎样书写自己的下一页？

好消息是，你有能力改变，甚至创造自己的人生，但这并不是说什么都不做就能创造奇迹。你的确可以通过改变自己，快速而轻松地获得或创造你想要的任何事物。这就是本书的主题：帮你成为有能力创造自己想要的人生的人。

继续阅读之前，请你拿起一支笔，边阅读边做笔记。画线、标着重符号、折页，以及在旁边的空白处做记录，最好将这些方法全部用上。当你再次翻阅时，就能迅速地找到关键点。

我曾是个完美主义者，喜欢让所有的事物都保持干净整洁。后来我意识到自己必须改变，因为读一本书并不是为了保持其干净，而是要给自己带来最大的价值。现在，我读过的书上基本都写满了笔记。

现在，拿好你自己的笔，开始书写你的人生新篇章吧！

第 1 章

负分还是及格？当然选择满分！

　　为什么当一个婴儿呱呱坠地时，我们会惊呼那是"生命的奇迹"，与此同时，却甘认自己是平庸之才？我们究竟是在生命的哪一段旅程中丢失了奇迹？

　　当你来到这个世界的时候，所有人都认为，你在长大后可以做任何想做的事情，可以拥有任何想要的事物，可以成为任何想成为的人。那么，现在你已经长大了，这些期望统统实现了吗？还是你在成长的路上早就降低了要求而重新定义理想中的"任何"？

　　最近，我看到一个让人担忧的现状：美国人普遍超重9公斤，负债1万美元，患有轻度抑郁，不喜欢自己的工作，几乎没有一位亲密朋友。即便以上事实有些夸大其词，我们还是需要清醒地认识到问题的严峻。

　　你是否已经将生命中各个方面的潜力发挥到最大，实现了向往的成功？还是当某些方面未能达到要求时，你选择了妥协？或者哪怕你的能力远远高于目前的水平，但仍旧选择安于现状，然后自我安慰这样很不错？抑或你准备停止自欺欺人，开始过梦想中的生活？

从"负分人生"到"满分人生"的小秘诀

奥普拉说："你最大的冒险，就是过梦想中的生活。"我非常赞成这句话。可惜，现实中只有寥寥数人才能靠近自己梦想的生活，而名言也变为了陈词滥调。大部分人甘于平庸，不管生活赐予什么，他们都照单全收。即使是在商业或者其他领域颇有成就的人，也会满足于自己在另一个领域的平庸，例如健康或感情。畅销书作者赛斯·高汀（Seth Godin）说过："普通和平庸之间有区别吗？没什么太大的区别。"

不能仅仅因为众人都甘于平庸，你就要同样如此。你完全可以成为佼佼者，因为每个人生命中的各个方面本可以取得非凡的成就，你可以同时拥有幸福、健康、金钱、自由、成功和爱情。

如果用 1 ～ 10 分为成就感和满足感打分，毫无疑问，我们都想得 10 分。我从未听到有人会说："啊，健康得 7 分就够了，我可不想太过健康，精力旺盛。"或者："爱情 5 分就够了，我不介意和另一半争吵，也不想快乐得羡煞旁人。"

你会发现，想要在各个方面都取得 10 分的好成绩并非异想

天开。只要每天有目的地花时间关注各个方面，那么成为一位有能力创造、达到和维持完美的成功人士，完全有可能实现，而且非常简单。

你最大的冒险，
就是过梦想中的生活。

如果我告诉你，一切都从早起开始，一些简单的小步骤就能让你成为全项 10 分王，你会兴奋吗？你会相信我吗？可能有一些人不会。人们早就厌倦了，因为他们试尽了所有的方法，想要修补自己的生活和爱情，但都徒劳无功。我能理解，曾经我也是这样。随着时间的流逝，我知道世上很少有一种方法可以同时改变诸多方面。但假设你能来到我的世界，将发现这里绝对好到超乎你的想象。

赚钱、解压、减肥，原来可以如此简单

如果你曾经无数次尝试早起，但没有一次成功，怎么办？

"我早晨起不来。"你说。

"我是一只夜猫子。"

"白天的时间不够用。"

"我需要更多的睡眠！"

是的，在写作本书前，我也是这种情况。如果读了开篇故事，你会发现，那些人生赢家在早起问题上曾跟你并没有什么不同。不管你过去如何，哪怕这辈子从未早起过，相信我，一切即将发生改变。

事实证明，这本书适合所有人（参考第 8 章）。那些早起方面的"菜鸟"，不论是销售员、CEO、地产中介，还是老师、学生、全职妈妈，都对自己生活中的变化感到兴奋不已，很多人都将自己的成果拍成视频上传到 YouTube，并在 Facebook 和 Twitter 上分享给朋友们。

有的人说："生活一下子全部改变了。节奏之快，让我始料未及！……本来我的业务处于泥沼之中，自从开始实施'神奇的早起'计划之后，我发现自己只需要每天认真地工作，就能挽救自己的事业。"

还有人说："我已经坚持'神奇的早起'计划 79 天了。从第一天开始，我就再也没有晚起过。坦白讲，这还是我人生中第一次如此持之以恒地做一件事！现在我希望自己以后每天都能早起。太神奇了，'神奇的早起'彻底改变了我的人生。"

甚至有人说："我坚持'神奇的早起'计划 10 个月了。现在，我的收入翻了一倍，正处于人生的巅峰状态。"

我最喜欢的一条是："自从开始实施'神奇的早起'计划后，我成功减重 11 公斤，而且从未像现在这样健康、快乐和高效！

我每天能够完成比以前更多的事情。"

收入增加、生活质量提高、更加自律、心理减压、减肥成功……这一切都可能发生在你身上。

接下来,我将详细阐述自己是如何利用"神奇的早起"计划,从人生低谷一步步走向人生巅峰——从收入翻倍、还清所有债务、实现成为国际演说家的梦想,到自己的故事被刊登在《灵魂鸡汤》(*Chicken Soup for the Soul*)系列畅销书上,再到接受广播采访、录制电视节目、跑完84千米超级马拉松,达到精神与身体的双重巅峰。

而这所有的一切,都发生在不到一年的时间内。从中,你将发现一些"含蓄的秘诀",确保你会取得真正的成功。

"神奇的早起"不仅简单高效,而且让人乐在其中,任何时候你都可以毫不费力地做到。此外,尽管你仍然可以在任何时候想睡就睡,但最后你会发现自己并不那么渴望睡觉了。很多人告诉我,他们现在每天都会很早起床,甚至周末也是如此,因为他们早起的时候感觉更好,而且能够完成更多的事情。请自行想象一下那种场面。

"神奇的早起"计划的实践者无数次分享自己的心得:"每天早晨起来都感觉自己就像圣诞节当天醒来的孩子。"感觉就是那么棒!如果你不过圣诞节,那就想象自己曾经激动地想要起床的那天,或许是你第一天上学,或许是你的生日,或许是你要去度假。想象一下，那天早晨，你是多么兴奋。

下面是"神奇的早起"计划会给你带来的最普遍的益处。

✓ 每天醒来都是活力四射，而且已经做好准备在一天中发挥自己的最大潜力。

✓ 压力减小。

✓ 头脑清醒，可以迅速战胜任何挑战和逆境，清除任何阻拦自己前进的消极情绪。

✓ 提升你的整体健康状况，减轻体重。

✓ 提高你的生产力和专注力。

✓ 让你充满感恩，并减少忧虑。

✓ 显著增强赚钱的能力。

✓ 让你发现并专注自己的人生目标。

✓ 不再消极妥协，拒绝再过自己不想要的生活，开启自己理想人生的新篇章。

是的，以上承诺都非常大胆。你甚至会觉得我疯了，或者在吹牛。因为上述内容显得有点不真实，对吗？但是我向你保证，这不是胡言乱语，也不是夸大其词。"神奇的早起"可以给予你大量的时间，让你成为理想中的自己，提升你的生活品质。

同时，我还将告诉你 6 条力量强大的"人生拯救法"，再配

合"神奇的早起"进行练习，你绝对可以创造非凡人生。据统计，95%的人从未过上自己想要的生活（详见第3章），但是在你的帮助下，我相信这个比例将越来越小。

最后，当你准备就绪时，将正式开始"神奇的早起——30天改变人生的大挑战"。它能够塑造你的心态，训练你的习惯，让你可以轻而易举地创造自己想要的人生。永远不要忘记，你才是决定自己能否过上高品质生活的决定性因素。

无论你现在怀疑自己是否可以早起，接下来你都将学会如何轻松地做到早起。当认识到早起和非凡成就之间的紧密关系后，你会发现：自己如何度过每天的第一个小时，决定着你能否发挥自己的全部潜能，能否取得自己渴望的成功。你肯定会看到，当自己改变了每天清晨的醒来方式时，整个人生都将发生变化。

95%的人都未能实现的目标，如何做到？

你和其他人一样值得，而且应该拥有创造和维持生命中的健康、财富、幸福、爱和成功的能力。意识到这点，不仅有助于你享受高质量的生活，而且对家人、朋友、客户、同事、邻居，以及生命中遇到的每一个人都很重要。

为了让自己不再平庸，取得生活、事业和经济上的成功，首先，你必须每天花时间成为自己想要成为的人：有资格和能力不断创造、维持自己想要的成功。

　　每天醒来后的活动会不可思议地影响到成功的级别。专注、高效、成功的早晨会让你一天都精力充沛，最后必然会创造出专注、高效的成功生活。反之，懒散、低效、碌碌无为的早晨只会让你一天都精神萎靡，最后必然会导致懒散、低效的失败生活。只要简单地改变早上的活动，你就可以改变生活的各个方面，而且远比你想象的更快。

第 2 章

创造奇迹，要么需要绝望，要么需要灵感

我的人生曾经两次"有幸"堕入所谓的深渊中。"有幸"是因为在经历人生中最大的挑战时，我从中学到了很多。那些磨难最终让我变成了自己想要成为的人，创造了梦寐以求的人生。我很高兴，不仅可以用自身的成功经验激励他人，还能用失败教训警醒他人，给予他们勇气战胜逆境，突破自我局限，最终取得超乎预期的成果。

如你所知，我人生中经历的第一个深渊，差一点也成为最后一个：一场严重的车祸让我当场被判定临床死亡。从那场灾难中重新崛起的经历，以及从中学到的 8 个教训，我都写在自己的第一本书《直面生活：热爱生活，创造人生》当中。

2008 年，我经历了人生第二个危机。彼时，美国正面临 20 世纪 30 年代经济大萧条以来最严重的一次经济危机。尽管这些年我已经从车祸中恢复过来了，不仅入选了公司名人堂，发展了小有成就的教练事业，还写了一本畅销书，但此时我再次遇到了挑战。无论是精神、情感还是财务上，那次遇到的困境差点儿彻底击垮了我。

几乎在一夜之间，我辛辛苦苦创建的成功事业居然都变得一文不值了；我的月收入少了一半，根本无法支付日常的花销；我刚刚订婚，购买了第一套房子，而且正在计划生育第一个孩子。就在那时，我因为背负债务和按揭贷款的压力过大而第一次患上了严重的抑郁症。

我处于人生的最低谷。一切还可以更糟吗？或许会吧！但这是我最糟糕的时刻吗？绝对是的。我又一次堕入深渊。

如果你问我，哪一个深渊让我感觉更为难熬，是车祸，还是财务危机？我会毫不犹豫地告诉你：前者最多是一死了之，后者却让我生不如死。在大多数人的想象中，被醉驾司机的雪佛兰迎头撞上，折断 11 根骨头，大脑遭受永久性损伤，死亡 6 分钟，从昏迷中醒来后得知自己可能再也无法站起来的噩耗，这几乎是一个人可以遭遇的最大劫难。是的，按理来说，遭受飞来横祸，身体和精神上的痛苦对任何人而言都是灭顶之灾。但在我看来，事实并非如此。

车祸之后，我不得不让别人来照顾自己。家人在医院对我关怀备至，我的病床旁总是围满了亲朋好友。大家每天都会来查看我的情况，支持我，给予我爱的力量；一群优秀的医生和护士密

13

切关注我的身体状况，并参与到恢复期间的各个环节；所有的食物经过精心准备后直接送到我的嘴边。我甚至不用操心工作问题，不用担心房租、水电费该由谁来缴。在医院过日子实在轻松。

但当我经历人生中第二个深渊时，情况就大为不同了。没有人同情、可怜我，更没有任何人探望、关怀我。大家都很忙，都有自己的问题要解决。所以这次我只能靠自己。

我人生的各个方面——身体、精神、情感和财务，似乎都面临巨大的挑战。

> **如果想要创造奇迹，**
> **你要么需要绝望，要么需要灵感。**

我陷入了恐慌。每天唯一能够安慰我的就是床。这听上去虽然很可悲，但那段时间，支撑我度过每一天的确实就是一张床。因为晚上我能躺在床上暂时逃离现实。我每天都想过自杀，尽管我也不确定自己是否真的会走上那条绝路，可只要想到父母的伤心欲绝，我就彻底打消了这个念头。

虽然在内心深处，我明白无论人生变得有多糟糕，它都会成为过去，我要做的就是鼓起勇气，继续前进，但自杀的念头总是会不自觉地冒出来。因为，我既不知道如何渡过财务危机，也不知道如何缓解痛苦。

用 2 级能力怎么创造 10 级成功？

然而，有一天，一切都发生了改变。一个特别的早晨，当我像几周前那样带着沮丧的情绪起床时，决定做些不一样的事情。我采纳了朋友的建议：出门晨跑，清理大脑。别误会，我并不喜欢跑步。事实上，我最鄙视的事情之一就是为了获得跑步的好处而跑步。但我的好朋友乔恩·伯格霍夫（Jon Berghoff）说，当他感到紧张或压力过大时，就会出门跑步，这样能让自己的思维变得更敏捷、精力更旺盛，并找到解决问题的方法。

我郑重地对乔恩说："我讨厌跑步。"乔恩毫不犹豫问道："跑步和现在的生活，你更讨厌哪个？"我已经走到了绝境，没有什么不能失去。于是，我决定开始跑步。

早晨，我穿好跑步鞋，带上 iPod，以防跑步太过无聊，随后就走出了家门。当时我完全没有料到，自己的人生会因为这次跑步发生迄今为止最强大、最深远的变化。

当听到吉姆·罗恩（Jim Rohn）关于个人发展的演讲时，我突然明白了之前从未真正理解的道理。你曾经或许多次听到某个人的话，或是某句歌词，抑或书上的一句话。你始终没有领悟那些词句，直到有一天，它们再次出现，深深地震撼你的心灵。因为你当时的处境和心理状态已准备好领会这些词句的精髓。就是那天早晨，绝望的我听到了让我顿悟的那句话。

我听到吉姆自信地宣称："你的成功水平很少能超过自己的

15

个人发展水平，因为你是什么水平，就会创造什么水平的成功。"奔驰在跑道上的我突然停了下来，我感觉这句充满哲理的话即将改变我的人生。

是的，现实世界就好像一场海啸，向我迎面扑来。我第一次意识到：我并没有成为自己想要成为的人，也没有创造并维持我想要的成功。假设将成功的级别分成 1 ~ 10 级，我想获得 10 级成功，但我的个人能力尚处于 2 级，即便状态最好时也没有超过 4 级。这是所有人共同面临的问题。在生活的各个方面，无论是健康、幸福、财务、人际关系、职业生涯还是精神境界，我们都想要 10 级的成功，可如果我们的个人发展（知识、经验、心态、能力、信念等）达不到 10 级状态，人生必然免不了痛苦与挣扎。

你的成功水平很少能超过自己的个人发展水平，因为你是什么水平，就会创造什么水平的成功。

现实的外部世界总是反映我们的内在。我们所能达到的世俗意义上的成功等级，总是与个人发展水平密切相关。除非我们每天都投入到个人发展中，努力变成自己想要成为的人，创造自己想要的成功，否则上进心只会变成一种折磨。

于是，我直接跑回家，准备改变自己的人生。

在从未早起过的时间，做从未做过的事

我认为，解决所有问题的方法就是将个人发展列为每天优先级最高的事项。这项任务可以将我变成自己想要成为的人，持续创造并维持自己想要的成功。

我的首要难题就是寻找时间。由于我每天都在不停地忙碌，因此想要为个人发展寻找"额外"的时间，看起来根本不可能。或许，你也和我一样?

我很喜欢畅销书作家马修·凯利（Matthew Kelly）在他的著作《生活的节奏》（*The Rhythm of Life*）中所言："一方面，我们都希望快乐；另一方面，我们都知道怎样做才能让自己快乐。但我们都不会去做那些能让自己快乐的事。为什么? 很简单，因为我们太忙了，没空。没空干什么? 没空让自己快乐。"因此我拿起笔记本，决心为自己的个人发展寻找额外的时间，有时间就寻找时间，没有时间就创造时间。

我的第一个想法是：或许我可以在晚上或者工作结束后，甚至在未婚妻睡着时挤出时间。但很快我就意识到，夜晚是一天当中唯一能够跟未婚妻相处的时间，而且我很难在夜晚将自己调整到最佳状态。事实上，我在晚上根本无法集中精神，更不要说运用最好的状态思考个人发展问题。所以晚上不是最佳选择。

或许我可以安排在白天? 大概午饭后，或者别的时间。只要能挤出"额外"的时间就行。但情况往往就是我还没挤出时间，

白天就过完了。那么只有早晨可以选择了，但我很不情愿，因为我不习惯早起。事实上，我非常惧怕早起。后来仔细一想，早晨或许真是最佳时间。

如果将早晨的时间投入到个人发展中，我将会充满斗志地开启每一天。因为，每天早晨我都能学习到新事物。这样会让我一整天都变得更加活跃、积极与专注。

我记得曾在StevePavlina网站上读过一篇名为《一天的船舵》（*The Rudder of the Day*）的文章，作者史蒂夫（Steve）写了一本名为《聪明人的个人发展》（*Personal Development for Smart People*）的畅销书。史蒂夫在那篇文章中说："每天早上如何度过醒来后的第一个小时，会影响全天的状态。如果我在醒来后的第一个小时内状态懒散随意，那么我一整天都可能精神涣散；但如果我努力让自己每天的第一个小时变得积极高效，那么接下来的时间我也会如此度过。"

如果在早晨安排个人发展项目，我就不会找很多借口推托，比如我很累、我很忙等；如果将一件事情安排在早晨，在开始一天的生活和工作之前进行，我就能保证自己每天都会履行它。

我实在找不到比早晨更合适的时间了。经过思考，我决定将个人发展项目安排在早晨进行。之前，我每天6：00准时醒来，一想到如果改为每天5：00起床，我简直要发疯！当我深感沮丧几乎就要合上笔记本时，我的导师凯文·布雷西（Kevin Bracy）

的声音回响在脑海中："如果想拥有特别的人生，就先做一些非比寻常的事情！"

我知道凯文说得很对，可这并不能让 5：00 起床变成一件轻松的事。为了改变人生，我决定克服惰性、突破极限，开始早起。我拿起笔在日程表上写下自己的起床时间：早晨 5：00。第二天早晨，我将开始第一次执行个人发展项目。

但我又遇到一个挑战：每天早晨我该做些什么事情，才能以最快的速度改变人生？我可以读书，但因为之前经常阅读，所以这次我想做些不一样的事情；我也可以锻炼身体，但这并不会令我热血沸腾。因此，我拿出一张白纸，写下多年来我认为可以改变人生但从未坚持下去的个人发展项目，比如冥想、自我激励、写日记、阅读和晨练。

我选择了其中几项活动，因为感觉它们能够快速地改变我的生活。随后我决定给每项活动分配 10 分钟，第二天早晨起来就开始行动。果然，有趣的事情发生了。只是看着这张清单，我的身体就开始蠢蠢欲动了！突然，我原本惧怕的"早起"似乎变得越来越有吸引力了。那天晚上我几乎亢奋得难以入眠，因为我很期待第二天早晨的到来！

当清晨 5：00 的闹钟响起时，我猛然从床上坐起，睁大眼睛，感觉浑身充满了能量！早起一点也不困难，我感到神清气爽。这种感觉让我想起小时候过圣诞节时的情景。就在今天之前，只有

小时候的圣诞节才能让我精神振奋地早起，而现在我几乎每天都可以做到。

刷牙、洗脸后，我手持一杯热水，直直地坐在起居室的沙发上。此时，时钟显示为 5 :05。长久以来，我第一次对人生充满了期待。外面天还没有亮，我拿出那张清单，上面列出了我认为可以改变人生但从未实践过的个人发展项目。那天早晨，我将每项都做了一遍。

冥想　我安静地坐着，进行祈祷和冥想，将注意力集中在自己的呼吸上，一直持续了 10 分钟。渐渐地，压力就像烈日下的冰山一样慢慢融化，我感到前所未有的镇定与轻松。这与我之前匆忙的早晨感觉大不相同。我第一次感受到了平静。

阅读　以前我总抱怨自己很忙，没有时间读书，但那个早晨，我兴奋地打开了一本书，准备开始培养自己的阅读习惯。我读的是拿破仑·希尔（Napoleon Hill）的经典著作《思考致富》（*Think and Grow Rich*）。这本书我只在刚买回来时浏览了几页，随后就被搁置在书架上。读了 10 分钟后，我从中学到几个观点，迫不及待地想要实践。通常来讲，一个观点就足以改变人生，而现在我一下子就吸收到那么多思想精华，岂能不跃跃欲试？

自我激励　此前我从未领会过自我激励的神奇力量，但是那天早晨，当我大声地朗读《思考致富》中有关自我激励的内容后，我感受到自己体内蕴藏的无限潜能。随后我决定写下自己的誓言：我想要什么；我想成为什么样的人；我决心如何行动来改变人生。放下笔后，我感到浑身充满力量。

制作愿景板　我取下墙上的愿景板，那是在看过电影《秘密》(*The Secret*) 之后挂上去的。这么多年来，我几乎没有看过上面的内容，更不用说将它作为可视化工具使用。接下来的 10 分钟，我集中精力思考关于未来的画面，想象自己如果实现了每一个愿景，我的人生将会发生什么样的变化。我为此感到欢呼雀跃。

写日记　随后，我拿出一个空白笔记本准备写日记。跟大多数人一样，我至多只能坚持一个星期。但那天早晨，我在日记本上写下自己的人生中值得感恩的一切，很快我就感觉没那么沮丧了，压在头顶上的乌云也开始慢慢消散了。我写下让自己感恩的事情，感觉精神气度和人生态度都发生了变化，现在，我的内心充满了感激。

晨练　终于，我从沙发上站起来了，脑中响起托尼·罗宾斯（Tony Robbins）常说的一句话："运动创造情感。"于是，我趴下来开始做俯卧撑，一直做到筋疲力尽；随后，我又做了仰卧起坐，一直做到腹肌变得酸痛僵硬才停下来；最后，我将未婚妻的瑜伽光盘插入 DVD 机，又做了 6 分钟的瑜伽。做完这一系列动作后，我感到浑身充满了活力。

当我感觉已经度过了人生中最平静、最跃跃欲试、最正能量、最感恩、最活力四射的一天时，抬头看看表，才刚 6：00 ！

"神奇的早起"，让收入神奇翻番

接下来的几周，我每天都是凌晨 5:00 起床，进行一小时的个人发展项目。我非常喜欢这种感觉，而且为自己所取得的进步感到欣喜若狂，因此我的胃口也变得更大了！有一天晚上上床睡觉时，我做了一件在当时看起来不可思议的事情：将闹钟调到凌晨 4:00！入睡前我还在想自己是不是疯了。但是很奇怪，不论是凌晨 4:00 起床，还是 5:00 起床，其实难度都差不多，而且跟之前相比，现在早起的难度小了 10 倍。

现在，我不仅压力变小了，而且精力充沛、头脑清晰，专注度也大大提高了。我发自内心地感到快乐，不再感到沮丧了。你可以认为我找到了原来的自己，但我感觉自己在短时间内飞快成长，甚至早已超越了从前的自己。当在能量、积极性、头脑和专注度上达到新的高度后，我能更加轻松地设置目标、制订策略和执行计划，以拯救自己的事业。在我执行"神奇的早起"计划两个月的时间内，我的收入已经远超金融危机之前的水准。

当时我就知道，自己迟早会把个人发展项目分享给客户，所以我必须为它取个名字。考虑到自己用不到两个月的时间从财务破产、忧郁不安转变为经济宽裕、激情四射的情况，这真是一个不折不扣的奇迹。于是，我把它取名为"神奇的早起"。

几周之后，当我在培训卡蒂（Katie）时，她问我："哈尔，你每天早晨是如何做到早起的？"尽管我面带笑容地将"神奇的早起"以及早起的好处一一道出，她仍然表示抗拒："哈尔，我不想早起。相信我，我没有那个习惯。"但卡蒂是个有决心的人，她最终还是决定每天 6：00 起床，比之前早起一个小时，尝试执行"神奇的早起"计划。

一周之后，当我再度拜访她时，发现她情绪激昂。我问她是否坚持做到每天 6：00 起床，并执行"神奇的早起"计划时，得到了一个意想不到的答案："不。第一天我确实是 6：00 起床，当发现早起有用后，我对此感到不满足了。于是我开始尝试每天 5：00 起床！哈尔，太神奇了！"

我必须把这件事分享给其他客户。

短短几周后，十几个客户都告诉我，当他们开始执行"神奇的早起"计划之后，都体验到了什么叫做改变人生，甚至有客户将"神奇的早起"计划告诉了他们的朋友和同事。"神奇的早起"迅速传播开来：有一些人开始在 Facebook 和 Twitter 上分享自己的经历，还有人在 YouTube 上发布视频，分享自己执行"神奇的早起"计划的过程。

听上去大家都疯了，不是吗？

我意识到"神奇的早起"可能在互联网上火起来了。于是某一天，我登录 YouTube，在搜索栏中输入自己的名字。结果搜出一个名为"乔的神奇早起"的标题。我发誓，自己这辈子从来不认识什么乔。看到标题后我的第一反应是："这个乔是何方神圣？

他以为自己是谁？居然敢抄袭我的'神奇的早起'计划？"

我进入了防御状态，这并不是最好的我，但是接下来发生的事让我感到惊喜和自愧不如。

我点击视频的播放按钮后，一张陌生的脸出现在屏幕上："大家好，我是你们的朋友乔。我们来看看现在的时间……"乔展示了他的闹钟，上面显示 5∶41，"现在是周日早晨 5∶41，你们一定会感到奇怪，'老兄，你准备在周日早晨 5∶41 做什么？'好吧，请登录 miraclemorning.com，看看上面的信息并下载吧。我感觉自己就像在过圣诞节，说实话，我从来没有如此精力充沛过。现在，每天对我来说都像是圣诞节。如果不信，你们可以尝试一下，我希望你们的人生变得和我一样美好。"（亲爱的读者，你们现在就可以登录 TheMiracleMorning.com/SuccessStories/，观看乔著名的 43 秒视频。）

看完视频后，我呆呆地坐在电脑前，完全被震惊了，几乎要流出热泪。虽然开始时，我只是将"神奇的早起"当成自己的早起例程，但从那一刻开始，我觉得自己有责任跟别人分享。因为这个项目既然让我从中获得了诸多好处，我想它也可以对别人发挥积极的影响。

我向卡蒂传授"神奇的早起"计划，并在 YouTube 上观看乔的视频，这些事情已经过去了 5 年。在此期间，我收到很多人的来信，他们在信上表达了自己对"神奇的早起"的感激与热爱，因为他们的人生因此改变。事实上，"神奇的早起"已经演变成了一场全球性的运动，一次人类的觉醒。各种各样的人都开始早起，并投身于个人发展项目。现在，我看到一幅更大的图景，看到"神奇的早起"是如何赋予我们力量，将我们变成自己想要成为的人，并创造自己想要的人生，从而影响整个世界。除此之外，通过它，我们也影响了其他人，向他们传递了正能量，这让我们的世界变得更加美好。

无论你是将它看成一场运动和觉醒，还是现在所谓的"神奇的早起"计划，它的目标都只有一个：让人们每天早起，改变自我，从而改善生活、家庭，乃至全世界。几乎每天都有成千上万的人执行这一项目，并且和他人一起分享，传递正能量。它深刻地影响了大家的人生，我至今仍然深感震撼。

有人甚至学习乔的做法——将自己每天早起的过程拍成了视频，大多数人也都会自豪地展示一下他们的闹钟，以证明自己的确在坚持早起。

我很荣幸，也很感恩自己能够与很多人分享这一个方法。事实上，"神奇的早起"已经成为我演讲或培训的标志性主题之一，它帮助企业、非营利机构、销售人员、老师和学生提高了生产力、积极性和表现力。无论是演讲还是培训，坚持早起都可以改善人们工作时的精神状态，从而取得优秀的成果。毫无疑问，"神奇的早起"最适合在早晨进行，甚至在培训班正式开始之前！

在此，我想告诉你，本书是一封邀请函，邀请你提升自己的层次，提高成功的级别，这是事物向前发展的唯一前景。从现在开始早起，每天坚持，让自己成为 10 级人才，创造自己渴望的 10 级人生。

第 3 章

你如果不能出众，就可能出局

每天早晨醒来，我们都会面临同样的挑战：克服平庸，发挥全部的潜能。这是人类有史以来所面临的最大挑战。不再找借口，做自己该做的事，以最佳状态创造我们真正渴望的 10 级人生！这种人生没有极限，它历来只属于少数人。

世界上 95% 的人都无奈地过着自己并不想要的生活，虽然他们希望自己能够拥有更多，但每天都生活在悔恨之中。他们永远也不知道自己原本可以成为更好的人，做更多的事，并拥有自己想要的一切。

美国社会保障总署的数据显示，如果你以 100 个刚进入职场人作为调查对象，追踪 40 年，直到他们退休，你会发现这样一个事实：只有 1 个人变成了富翁；4 人经济宽裕；5 人迫于生计继续工作；54 人面临破产，需要依靠朋友、家人和政府的接济度日；36 人死去。

从经济学的视角来看，只有 5% 的人能够成功地创造自由的人生，而剩下 95% 的人将继续在泥沼中挣扎。

那么，我们现在应该怎么做，才能避免沦为终身为生活挣扎的 95%，从平庸的世界脱颖而出，成为 5% 的人生赢家？

既然你在读这本书，那就说明你已经做好了步入人生更高层次的准备，你并不想跟大众一样苟且地活着！

以下三个简单的决定性步骤可以帮你摆脱平庸，成为 5% 的人生赢家。

95% 的人都没能处理好的人生四大命题

首先，我们必须理解并承认一个现实：社会中 95% 的人将无法创造并过上自己想要的生活。如果我们的想法和做法与大多数人相同，那也只能跟他们一样平庸，过着充满挣扎、失败和悔恨的生活。

我们必须意识到，如果自己不立即采取行动，告诉人们发挥自己的全部潜力才能够取得非凡的成就，那么你的朋友、家人和同事也很可能沦为平庸之辈。沦为平庸之辈就意味着你要默默忍受自己并不想要的生活，而且会在其中苦苦挣扎。大多数人每天都过着平庸的生活，不论是生理、心理，还是人际、财务等方面，尽管如此，当他们醒来时，还是想要真正获得自己想要的成功、幸福、爱、健康和财富。

人生的关键在于如何处理四大命题：

生理 肥胖像癌症和心脏病等致命性疾病一样，让每个人都感觉筋疲力尽。肥胖人士的身体健康程度降到了历史最低点，如果不喝几杯咖啡，他们就会感觉萎靡不振。从某个角度说，提神类饮料的成功进一步证明了人们在生理上的不适。

心理 现在，人们只能通过服用更多的处方药来治疗诸如忧郁和焦虑等心理疾病。每天打开电视，你都会看到某些药物的广告：一对英俊美貌的夫妇，拉着风筝奔跑在沙滩上，一条狗在背后欢欣跳跃。随后，低沉而温柔的男声响起，像连珠炮一样介绍产品针对的症状及副作用。

"你是否会感到疲惫、悲伤、孤独、沮丧、压力过大？你很幸运，XYZ 药物可以帮到你！警告：本药品可能会产生腹胀、便秘、发热、头晕、干渴、头皮屑增多、失眠、嗜睡等副作用。"

家庭 众所周知，美国社会的离婚率高达 50%。换言之，那些曾经彼此深爱的双方，那些曾经在亲朋好友面前宣誓无论贫穷富有都不离不弃的伉俪，现在都陷入了婚姻危机。最近，我最深爱的父母在共同走过 30 年风雨后也选择了离婚。我非常了解孩子在父母离婚后的痛苦。

财务 美国人背负着国家历史上最沉重的债务。大多数人都负债累累。人们热爱消费，不爱存钱，因此总是会遭遇财务危机。

如上所示，很多人在生理、心理、人际、财务等方面苦苦挣扎，他们的生活是如此平庸乏味。

犯下这 7 个错误，势必苟且一生

一旦我们认识到 95% 的人都在苦苦挣扎，并没有过上自己实际上能够拥有的生活，也没有获得他们真正想要的成功、幸福和自由，那么接下来，关键就是要找到原因。为了防止这一切发生在自己身上，你必须知道什么会导致人一生平庸。

假设你拦住一个典型的美国人——年龄四五十岁，不喜欢自己的生活，渴望快乐，被各种账单压得喘不过气。你问这是他设计的人生吗？他的愿景是这样吗？你认为他会怎样回答？你认为他们早就预料到自己的人生会如此艰难吗？答案当然是否定的！然而，我亲爱的读者，这恰恰是最可怕的地方。

如果社会上 95% 的大众都讨厌自己的生活，那我们就必须

弄清楚，他们究竟是哪里出了问题，或者他们做错了什么事情？
以防我们也沦为失败者。

> **人类的故事，**
> **实际上就是无数人低估自己的故事。**

　　没人会希望自己的人生充满挣扎。每天早上醒来，我都想要
自由的人生——跟自己喜欢的人，在自己喜欢的时间，做自己喜
欢的事情；我希望每天醒来都对自己的生活充满了热爱；我想要
喜欢自己的工作，想要爱自己的家人和同事。这就是我眼中的成
功，但那种生活并不会像馅饼一样从天上掉下来，它必须经过精
心设计以后才能获得。如果你想拥有非凡人生，那么你就必须弄
清楚到底是什么导致生活的平庸。

　　我总结了以下几点原因，就是它们导致人们无法发挥自己的
全部潜力，进而变得平庸。它们是降低人们生活水平的主要因素，
也可能继续成为你的难题。不过，不用担心，因为后面会告诉你
应对措施。

"后视镜综合征"

　　平庸人生的一大源头，我称之为"后视镜综合征"——我们
的潜意识里都装配了限制自我的后视镜。我们会通过后视镜不断

地回忆过去的经历，错误地相信自己曾经是什么样子，将来就是什么样子。这就会限制我们当下潜能的发挥，因为我们总以为自己过去的能力就已经走到了极限。

因此，我们在进行选择时会变得犹豫不决。无论是早晨的起床时间，还是设置人生目标，我们都将自己禁锢在过去。虽然我们想要创造一个更美好的人生，但是总会不由自主地用陈旧的眼光去看待未来。

研究发现，普通人平均每天脑子里会产生 5 万 ~ 6 万个想法，但问题是，95% 的人都会跟以前想的完全一样。所以，大多数人日复一日、月复一月、年复一年地过着毫无新意的日子，这一点也不奇怪。

就像是背着破旧的行李一样，我们将以前的压力、恐惧和担忧带到新的一天，一旦遇到新情况，我们又会快速查看后视镜来评估自己的能力。"不，我从来没做过那种事情，也从来没有达到那种高度。事实上，我总是一次又一次地失败。"

当遭遇逆境时，我们又会抱着心爱的后视镜想对策。"好吧，我真走运。过去我总是被同样的麻烦绊倒，现在就干脆放弃吧，反正过去遇到困难时也都是这样做的。"

如果你想要超越过去的自己，突破极限，那就必须丢掉后视镜，摆脱限制。你需要改变思维：过去并不等于未来。你要进行自我激励，相信一切皆有可能，你有能力实现自己的愿望。或许

刚开始你会觉得不舒服，拒绝这样做。但没关系，只要不断地重复这个过程，你的潜意识最终会吸收这些积极的自我暗示（详见第6章）。

不要放弃自己追求完美人生的权利，你的想法永远要比现实更大胆。首先，想清楚自己真正想要什么；随后，调整自己的心态，相信只要自己每天专注地付出，就一定会有回报；最后，坚持不懈地朝目标前进，直至变成现实。不用害怕，因为你不可能会失败，你只会获取更丰富的经验，成长飞快，变得更好。

永远记住，你在现阶段的所作所为决定了自己的处境，但未来则取决于你从今开始所做的选择。

没有比"活着"更高的目标

如果你在大街上随便找一个人询问他的人生目标是什么，他的表情一定会很奇怪，仿佛在回答："我怎么会知道?"那么，如果我问你，你会怎么回答? 一般人根本不知道自己的人生目标是什么，他们简直就是糊涂地度过人生的每一天。

当然，一般人是得过且过，从来没有比"活着"更高的目标。大多数人都只会关注如何度过当天，走最轻松的道路，追逐转瞬即逝的快乐，同时避免一切会给自己带来痛苦的事情。

在我7年的直销生涯中，除了打破几项公司销售纪录外，其中6年我都在跟平庸进行艰苦地斗争，但常常都以失败而告终。

因为我的业绩很不稳定，所以工作时总是会感觉自己难以发挥全部的潜力。最后，我终于知道如何克服平庸了，那就是要追求有目标的人生。

当入选公司名人堂后，我就准备实现自己想要成为作家、演说家和商业教练的梦想。然而，由于我从未在公司发挥自己的全部潜力，所以差点儿就背负着平庸之名离开了。如果我不采取措施，它必然会跟随我进入下一段人生之旅。

那个时候，每天早晨将我唤醒的只是闹钟，而不是人生目标，其实我根本就不想起床，也没有任何职业理想，甚至不缺钱用。于是，某一天我为自己制订了有关未来 12 个月的目标：成为自己想要成为的人，并创造自己渴望的成功、自由、高品质人生。我将它和另外一个人生目标结合起来（是的，你可以拥有很多人生目标），即通过组建一支 16 人的销售团队，无私地为其他人提供帮助。我每周都会召开一次培训会议帮助他们实现目标，而且我坚持免费推行了 46 周。

每天我都会反省，谨记两大人生目标，这让我每时每刻都会自觉地调整思想言行，力求与每个目标保持一致。结果那年我不仅超越了自我，将自己的最佳销售业绩又提高了 94%，而且带领许多销售人员刷新了公司在过去 50 年内的最佳纪录。

为了战胜平庸，你需要设置一个人生目标。任何目标都行，只要你是真的渴望实现它，或者能够让你每天精神焕发地起床，

让你朝着未来迈出坚定的步伐,这样的目标也是可行的。我知道,如果让你现在就想好自己的人生目标,似乎有些勉为其难。但你要记住,越早设立目标,对自己越有益处,哪怕第一个目标很渺小。例如,你的目标可以是"每天多笑一笑,给自己及身边的人带来更多的快乐",或者"我想为自己遇到的每一个人提供帮助"。这将是你实现宏伟理想的第一步。

另外,你可以随时调整自己的人生目标。因为伴随着成长和进步,你的人生目标也会发生改变,但最重要的是你现在就必须选择一个目标,并将它融入生活。你甚至可以像我的客户一样借鉴上述分享的人生目标。

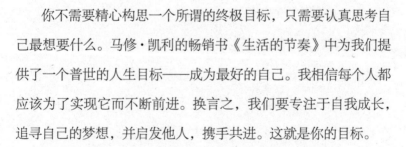

事物不会发生变化,
只是我们变了。

你不需要精心构思一个所谓的终极目标,只需要认真思考自己最想要什么。马修·凯利的畅销书《生活的节奏》中为我们提供了一个普世的人生目标——成为最好的自己。我相信每个人都应该为了实现它而不断前进。换言之,我们要专注于自我成长,追寻自己的梦想,并启发他人,携手共进。这就是你的目标。

本周你可以找时间仔细考虑一下人生目标,写下来,每天都看一遍。事实上,你可以边执行"神奇的早起"边做这件事。

谨记，只要你的人生目标高于前行途中遇到的困难，困难就会变小，你就可以轻松地战胜它。

"孤立事件"谬误

事实上，导致人们平庸还有一个重要原因："孤立事件"谬误。虽然这种现象极为普遍，但不易被人们发觉。我们总是想当然地认为自己每一次的选择和行动只会影响眼前的事情或环境。例如，你或许认为减少一次锻炼，拖延一个项目，或者吃一次快餐，并没什么大不了，因为明天就能"弥补"；你错误地认为做一件"错事"只会影响当下的关系，只要下次做好一点就行了。这是世界上最大的自我欺骗。

我们必须意识到：当下的选择、行动，乃至想法，都会对未来产生不可逆转的影响。因为你的每一个想法、每一次选择，以及每一项行动，都决定你将要成为什么样的人。就如同著名商业教练 T. 哈维·艾克（T. Harv Eker）在畅销书《有钱人想的和你不一样》（*Secrets of the Millionaire Mind*）中所言："你对一件事的做法，决定着你对所有事的做法。"

一方面，当你选择避重就轻，就会让自己变成害怕困难的软脚虾；另一方面，当你选择迎难而上、遵守承诺，尤其是当你不喜欢一件事却仍然勇往直前时，就是在培养自己非凡的自律力，而它通常是获得成功的必要条件。就如同我的好朋友彼得·沃奇

常告诫客户那样："自律决定生活状态。"

例如，当闹钟响起，我们按下按钮时，大多数人错误地以为这个举动只会影响当天早晨。事实上，这种行为将会影响我们的潜意识，告诉大脑不执行计划、不完成任务都没有关系。这个问题我们将在第 4 章中详细阐述。

我们必须终止"孤立事件"谬误，目光放得更长远一些，同时也必须认识到，你做的每一件事都对自己会变成什么样的人产生影响。当你眼光放长远时，会更加认真地对待闹钟。所以，当你在早上躺在床上打算按下闹钟时，开始这样想：等等，我并不想成为一个不能早起、没有自律性的人；现在我应该马上起床，因为我下定决心要 _____（早起、追求目标、创造自己梦想的生活等）。

请记住，你将成为什么样的人远比现在要做的事情更重要，但你将成为什么样的人依然取决于目前的行动。

缺乏责任感

成功与责任感之间有着密不可分的联系。事实上，所有的成功人士，从 CEO 到职业运动员再到美国总统，他们都有高度的责任感。这使得他们会想方设法地采取行动并取得成果，哪怕他们并不喜欢自己正在做的事情。如果没有责任感，那么无数的职业运动员就不会再接受训练，CEO 也会将每天的时间浪费在

iPhone 上。虽然每个人都有想偷懒的时候，但缺乏责任感的人已经将偷懒变成了一种习惯。

责任感，是指某人对自己的行为或结果负责。这个世界上基本所有的事情都可以找到责任人。事实上，自出生到满 18 岁之前，我们之所以能够拥有美好的人生，是因为生活中每一个有责任感的成年人，比如父母、老师。如果不是父母和老师，我们就会沦为粗鲁、营养不良、精神不振、衣衫褴褛的小孩！太可怕了，不是吗？

责任感能够让我们的生活变得秩序井然，实现提升和进步，取得更高的成就。那么问题来了：事实上，责任并不是我们哭着喊着想要获得的，而是在童年、少年和青年时期必须承受的。从某种程度上说，它是成年人强加给我们的，许多人都在潜意识里抵触它。当年满 18 岁，获得自由之后，责任感就被我们抛到九霄云外。随后，人生急转直下，大多数人沦为平庸之辈，并养成懒惰、不负责、走捷径的思维和行为习惯，于是成功离我们越来越远。

虽然我们渴望获得成功并得到满足，但除非有意识地培养自己的责任感，否则就要搬回去和父母一起生活。获得责任感的途径可以来自一名商业教练、导师，也可以来自朋友或亲人。据统计，95% 的人读完一本书后并不会将学到的知识付诸实践，因为没人将这种责任感强加给他们。

找到一个具备高度责任感的小伙伴

你是否有过这样的经历：到了该出门锻炼的时间，心里却一万个不情愿？是的，每个人都会有这种懈怠心理，但如果知道有人正在体育馆或跑道上等你，你是否会更有动力？

我强烈建议，当你阅读本书时，找一个具有高度责任感的同伴，他可以是你的朋友、同事或家人。将www.MiracleMorning.com网站分享给他，你们将获得一堂"神奇的早起速成课"（包括本书前两章和"神奇的早起"的视频和音频，全都免费赠送）。这样，你就可以跟志同道合之人携手迈向人生的下一阶段，可以相互支持、鼓励，激发彼此的责任感。

你可以在社交媒体上广泛邀请大家，或者登录www.MyTMMCommunity.com，寻找充满正能量的好朋友；你也可以在网上发帖："我希望寻找一位积极上进的朋友能够成为我'神奇的早起30天改变人生计划'的伙伴。详情查询www.MiracleMorning.com，如果感兴趣，请联系我。"任何对此作出回应的网友，都可能是你寻找的人。

　　因此，我强烈建议你现在就给某个朋友打电话、发短信或电子邮件，邀请他们加入"神奇的早起"。你们一起阅读本书，并让他成为你"神奇的早起30天改变人生计划"富有责任感的伙伴。

朋友圈太小

　　所谓近朱者赤，近墨者黑。研究发现，我们的人格倾向于接近生活中5个最亲密人的平均水平。你跟谁最亲近，你的生活就越像谁。如果你的身边都是懒鬼、弱者、爱找借口的人，你也不可避免地沦为那种人。所以，多花时间与积极、成功的人相处，他们对待成功的态度和习惯会慢慢地影响你，你也会变得越来越成功。

　　无论是成功、健康、幸福，还是增加收入、减轻体重，这条真理都适用。如果你大多数的朋友都积极乐观，你自然而然地也会变成那样；如果你所有的朋友都是成功人士，年薪超过66万美元，哪怕你的收入远远低于这个水平，你也会被他们的思想所吸引，想要学习他们的成功之道。

　　相反，如果身边的人都喜欢不停地抱怨生活，你也很可能变得悲观厌世；如果你的朋友并不渴望提升自己的人生，且遭遇财务危机，那就别指望他会激励你变得更优秀。

不幸的是,世界上有很多想要上进的人总是被身边的人打击,尤其当自己的家人这样做时,情况就会更糟糕。你必须变得强大,确保自己不会花太多时间跟他们待在一起,因为他们并不会鼓励你成为最好的自己。

寻找那些相信你、钦佩你,并能够帮助你实现人生梦想的人。你必须主动寻找这样的伙伴,改变自己的交际圈。以下是一些经验和方法。

- ✔ 你可以加入网络社区,寻找兴趣类似、志同道合的朋友,加入别人的交流小组,或者自己创建一个小组。

- ✔ 如果你是一名企业主或营销人员,可以加入商业网络小组或营销小组,其中最大的是 BNI (www.bni.com.)。我很早就加入了 BNI,它对我的事业有很大的帮助,因此我向你强烈推荐。

- ✔ 如果你是一名学生,无论是小学、初中还是高中、大学,我都建议你加入"美国男生女生俱乐部"。它的网址是 www.bgca.org。美国有 4 000 多家俱乐部,而"美国男生女生俱乐部"是帮助年轻人走向成功之路的最佳平台,它的使命是让所有年轻人,尤其是最需要帮助的年轻人,挖掘自己全部的潜能,成为高效、善良、负责的公民。前俱乐部成员包括美国黑人巨星丹泽尔·华盛顿

(Denzel Washington)、著名喜剧演员亚当·桑德勒（Adam Sandler）、美国歌星詹妮弗·洛佩兹（Jennifer Lopez）和 NBA 知名球星沙奎尔·奥尼尔（Shaquille O'Neal）。如果你想获得成功，追随他们的脚步前进也是一个很好的选择。

✔ 就如同我之前提到过的事情，www.MyTMMCommunity.com 上有一个极具正能量的活跃社区，你可以跟志同道合的人结为同伴。社区的每一个成员都渴望提升自己的人生层次，并且愿意互相帮助和支持。

中国有个成语叫"祸不单行"，其实平庸也一样。不要让别人的恐惧、不安全感和错误信念影响到你的人生。你必须对自己承诺：永远积极主动地提升自己的交际圈，不停地寻找那些能为你的人生创造价值，能激发你潜能的贵人。当然，你也要努力成为别人的贵人。

你应该邀请一位朋友、同事或家人成为"神奇的早起 30 天改变人生计划"中具有责任感的伙伴。当你为别人的人生增加价值时，他们也会为你做同样的事。

对个人发展"三心二意"

吉姆·罗恩（Jim Rohn）是我最优秀的导师，他教导我许多

改变人生的哲理。我眼中最伟大的人生观就是：我们的成功级别很少会超过我们的个人发展水平，包括知识、技能、信仰和习惯等。二者通常是对等的关系。

> **"现在"比任何时刻都更重要，**
> **你今天的行动决定了**
> **明天的人生方向和生活品质。**

我们之前已经简单地谈过，这里再深入探讨一下。如果用1～10级来衡量生活的成功水平，如健康、财务和人际关系等，我们都想要10级的成功，同意吗？

但是，大多数人每天并没有投入很多时间将自己培养成"10级人才"，实现想要创造和维持的"10级成功"。最终，我们会因为自己的健康、幸福、爱、个人发展和职业成功达不到预期标准而痛苦。

在附录中，你将得到一个"快速开始工具箱"。首先，它将引导你开始一段富有启发、时而痛苦，但绝对令人享受的成功之旅；随后，当你的自我觉醒和思维达到更高的水平后，将会看到获得10级成功的愿景；最后，你可以为每个领域设置上升目标，从而立即开始朝自己渴望的成功级别前进。

无论过去如何，你都能实现拥有非凡人生的愿望。你要做的就是将自己培养成想要成为的人，从而创造并维持自己想要的生活。"神奇的早起"能够让你成为 10 级人才，并在各方面创造 10 级成功。

记住，与其花时间抱怨生活，不如专注于个人发展。"神奇的早起"能帮你将额外的时间投入到个人发展中。

明日复明日的"拖延症"

缺乏自我提升的意识和紧迫感是导致 95% 的人平庸、无能，无法过上理想生活最主要的原因之一。人性中有一种叫"明天再说"的痼疾，因为我们总会想当然地认为生活会自动变得顺遂人意。可事实又是什么？

"明天再说"是一种顽疾，它让我们患上拖延症，浪费潜能，心生悔恨。每天醒来，你都会自问：自己的人生究竟怎么了？怎么会变成这样？怎么会沦落到这种地步？

人生最可悲的一件事就是活在悔恨当中，后悔自己当初没有更努力，没有成为自己想要成为的人。记住这个真理："现在"比任何时刻都更重要，你今天的行动决定了明天的人生方向和生活品质。

人无远虑，必有近忧。如果你不从现在开始改变，成为自己想要成为的人，那么明天、下周、下个月，甚至下一年，都不会发生任何变化。你必须为自己规划好人生路线。

做"神奇"的事，成为出众的人

你已经承认并接受了这个事实：社会上 95% 的人都在生活的泥沼中挣扎。如果你的思维和生活方式与大多数人一样，你也会流于平庸。既然你已经知道了导致人变得平庸的原因，就不要受到它们的负面影响。你要走的第三步就是学会规划人生路线，决定从今天开始要做哪些与众不同的事情。

不是明天，不是下周，也不是下个月，今天你就必须下定决心采取行动，作出改变，成为你想要成为的人。为了提升个人发展水平并成就一番事业，你必须全身心地投入其中。你是否已经决定好要为未来献出自己的全部？

当你拒绝平庸时，你的整个人生就会发生剧变。你会意识到今天是一生当中最重要的一天，现在是一生当中最重要的时刻。正是你每一天的选择和每一次的行动，决定了自己的未来。

如果你不改变自己，平庸迟早会降临到你身上。平庸与他人无关，它只是你不愿意学习、成长和自我提升的结果，而非凡人生则是人们选择持续提升的自然产物。

我们早已饱尝悔恨的痛苦：后悔自己没有成为自己能够成为的人，没有做自己能做的事情，没有发挥自己的潜能。平庸的每一天汇聚成周；平庸的每一周又汇聚成月；平庸的每一个月又汇聚成年。如果我们不从现在开始改变，提升个人发展水平和增强行动力，那么人生注定会变得平庸。

如果我们现在不行动，生活就不会发生任何变化；如果我们不变得更优秀，人生就不会取得任何进步；如果我们不将时间持续地投入到个人发展中，人生将止步不前。遗憾的是，大多数人早晨醒来时，都会发现今天和昨天根本就没有区别。

如果你对自己完全坦诚，真正地渴望拥有非凡的人生，不一定要通过出名或发财来实现。非凡的人生是指你可以自由地按照自己的节奏和意愿生活，拥有自己想要的一切，没有借口、悔恨，只有充满乐趣、意义非凡、令人激动的美好人生！

畅销书作家罗宾·夏玛（Robin Sharma）说："人生最大的悲剧之一，就是当你临终回首往事时，发现自己其实可以成为更好的人，做得更多，并拥有更多。"尽管这是想象中的悲惨命运，但不意味着你就会变成那种人。请规划好自己的人生路线，下定决心，从今天开始拒绝平庸。请你大声喊出"我很伟大"！请你成为自己想要成为的人，创造自己真正想要的非凡人生。你的人生将充满能量、爱、健康、幸福、成功、财富和梦想中的一切。"神奇的早起"能够帮你实现愿望。

但在此之前，我们有一个重要的问题需要解决……

第 4 章

如何做到只睡 4 小时，依旧活力四射？

早起的奇迹

在早晨，你为什么总是不愿意起床？请思考一下，你醒来的动力是什么？你为什么要离开舒适温暖的被窝？是你主动想要起床，还是不得已才掀开被子？事实上，大多数人都是在响个不停的闹铃声中不情愿地起来，因为他们有自己必须做的事情。如果可以选择，大多数人都想继续睡下去。

自然而然地，我们就产生了逆反心理，通常会一掌拍掉闹钟，极力抗拒起床。我们没有意识到这种行为其实是在告诉宇宙："我宁愿躺在床上，也不愿意积极主动地创造自己想要的生活。"大多数人一方面对自己惨淡的人生深恶痛绝，另一方面却选择屈服于平庸。

我们在内心深处都认为自己其实可以发挥更大的潜力，拥有更多的财富，取得更高的成就，却感觉自己陷进了泥潭，不知道如何解脱。

50

不想起床，并不是因为没睡醒

"贪睡你就输了"中蕴含深刻的道理。当你选择赖床一直到日上三竿才肯起来时，就意味着你在开始新的一天时喜欢拖延，事实上你是在抗拒改变自己的人生。每拍一次止闹按钮，你就是在抗拒新的一天，放弃改变自己的生活，阻止自己起床创造理想的人生。如果每天早晨听到闹铃时，你都在想："不，已经到时间了，我不得不起床，可我不想醒来。"这就相当于在说："我不想创造自己的人生，至少不希望遇到困难。"

据许多抑郁症患者反馈，早晨是他们一天之中最痛苦的时刻。因为他们经常会带着恐惧醒来，要么是恐惧自己必须做的工作，要么是恐惧自己必须见的人。人们将这种恐惧心理归为抑郁症的表现，将抑郁症看作是会给人的思维、情绪和心理带来负面影响的疾病。通常来说，早晨的节奏奠定了一天的基调。它是一个恶性循环的过程，如果早上带着恐惧醒来，你整天都会很绝望，晚上更是会带着焦虑和压力入睡，而第二天又是对前一天的重复：恐惧——绝望——焦虑。

如果这样，你早上醒来时不仅会变得没有目标，头脑不清晰，精神萎靡不振，而且这种抵抗生活的行为更是向生活发出了一条负面信息：你宁愿半死不活地赖在床上，也不愿意起床创造自己想要的生活。

如果你每天都带着激情与目标醒来，那就已经走进了为梦想

而生活的、堪称凤毛麟角的成功群体中，最重要的是，你会很快乐。仅仅需要改变早晨醒来的方式，你就能够改变这一切。如果不相信我，请相信那些坚持早起的名人：著名节目主持人奥普拉·温弗瑞（Oprah Winfrey）、励志大师安东尼·罗宾（Tony Robbins）、微软创始人比尔·盖茨（Bill Gates）、星巴克创始人霍华德·舒尔茨（Howard Schultz）、著名灵性导师狄巴克·乔布拉（Deepak Chopra）、世界级心理学大师韦恩·戴尔（Wayne Dyer）、美国第三任总统托马斯·杰斐逊（Thomas Jefferson）、美国政治家及科学家本杰明·富兰克林（Benjamin Franklin）、著名物理学家阿尔伯特·爱因斯坦（Albert Einstein）、古希腊先贤亚里士多德（Aristotle）等。

从来没有人主动公开这个秘密：只要我们每天早晨有意识地带着激情醒来，就能改变自己的整个人生。

> **早晨的行动将影响你的思维和心态，**
> **决定你一整天的表现。**

如果你每天早上都要等到最后一刻才肯起床上班、上学或者为孩子做饭，下班回来后就守在电视机前一直坐到睡着，那么我不得不问：你要等到什么时候才能成为自己想要成为的人，为自己的人生带来真正的健康、幸福、成功和自由？你要等到什么时

候才能真正地打起精神来好好对待生活，而不是每天麻木地例行
公事和逃避现实？如果你的人生最后没有任何改变怎么办？

今天就是你一生当中改变自我、成就自我的最佳时机。你手
中的这本书就是世界上最好的指南，它会告诉你如何快速地成为
你应该成为的人，创造并维持你想要的生活。

重要的不是睡多久，而是你以为自己睡了多久

如果你问科学家，人类需要多长时间的睡眠？答案将会是：
"没有确切的数字"。受到年龄、性别、整体健康状况、锻炼量以
及其他许多因素的影响，个人所需要的睡眠时间都不同。你可能
只需要睡 7 个小时就能精神抖擞地过一天，而别人则很可能需
要 9 个小时才能拥有快乐高效的生活。

根据美国国家睡眠基金会的数据显示：睡眠时间过长（9 小
时或以上）与病残率（包括生病、安全事故）、死亡率甚至抑郁
症等疾病的发病率都存在一定的关联性。

由于世界上还有许多截然相反的结论，而且每个人需要的睡
眠时间也确实各不相同，所以现在我并不会告诉大家最合适的睡
眠时间是多久。我将跟你分享基于个人经验和实验得出的结论，
以及对历史名人睡眠习惯的研究结果。但我要事先声明，下述某
些论点尚有争议。

通过对不同的睡眠时间进行实验研究，以及对"神奇的早起"

实践者的观察，我发现，睡眠对身体的影响方式在很大程度上取决于我们"相信"自己需要睡多久。换言之，我们早晨醒来时的具体感受并不单纯地取决于睡眠时间的长短，而是受到自我暗示的影响。

例如，如果你认为自己需要 8 小时的睡眠才能休息充分，但前一天晚上你 12：00 才上床，第二天早晨必须在 6：00 醒来，那么你可能会想："天呐，我今晚只能睡 6 个小时，还差 2 个小时，明天将会是一个疲惫的早晨。"当闹钟响起，你睁开眼睛时，将会发生什么？你首先想到的是什么？肯定跟你入睡前一样："天呐，我只睡了 6 个小时，这是个疲惫的早晨。"这就是一句预言。如果你告诉自己今天早上将会疲惫不堪，那么你就会感觉头重脚轻、四肢无力。也就是说，如果你相信自己必须睡足 8 小时才能精力充沛，那么只要睡眠时间少于 8 小时，你就会感觉疲惫。如果你改变自己的睡前想法，结果将如何？

精神与肉体之间的联系微妙而强大。我相信，我们应该为自己全部的人生负责，包括不管自己每天实际睡了多久都要精神抖擞地醒来。

我试验过不同的睡眠时间，少至 4 小时，多至 9 小时。另外，我对睡前的积极自我暗示也进行了试验。首先，每次入睡前我都会告诉自己：第二天我会犯困，并会感到筋疲力尽，随后就尝试了不同的睡眠量。

睡 4 个小时，我会疲惫地醒来。

睡 5 个小时，我会疲惫地醒来。

睡 6 个小时，我还是会疲惫地醒来。

其次是 7 个小时、8 个小时、9 个小时……但睡眠时间的增加并不会影响我起床时的感觉。只要我在睡前暗示自己会缺乏睡眠，第二天早晨肯定就会感觉疲惫。这是我的切身体会。

随后，我再一次试验了不同的睡眠时间，只是我会在睡前积极地暗示自己第二天一定会精神饱满地醒来。"感谢上帝给了我 5 个小时的睡眠时间，5 个小时足以让我第二天精力充沛地醒来。我的身体充满了奇迹，从 5 个小时的睡眠中汲取养分根本就是小菜一碟。我相信自己可以创造全新的现实体验，我选择为自己的明天创造一个朝气蓬勃的早晨，并热血沸腾地度过这一天。我对此无比感恩。"

我发现，无论是睡 9 个小时、8 个小时、7 个小时，还是 6 个小时、5 个小时，甚至 4 个小时，只要我在睡前进行积极的自我暗示，晚上就能得到充足的睡眠，第二天醒来时也会精神焕发。不过，我建议你们最好亲自做这个试验。

那么，你真正需要多长的睡眠时间？请你告诉我答案。如果你真的无法做到早起，我向你推荐肖恩·史蒂文森（Shawn Stevenson）的著作《睡觉的智慧：21 个诀窍让你睡出身材，睡

出健康，睡出成功》（*Sleep Smarter: 21 Proven Tips to Sleep Your Way to a Better Body, Better Health, and Bigger Success*）。这本书是研究睡眠的书中最为透彻的佳作之一。

五个步骤，从跟床谈恋爱到"弹"恋爱

回忆一下自己人生当中怀着兴奋与激动醒来的那个早晨。或许你正要去赶早班飞机，踏上自己期待已久的旅程；或许是你得到了新工作的第一天；或许是你上学的第一天；或许是你的婚礼；或许是你上一次过生日。我人生中最激动的时刻，是小时候每一个圣诞节的早晨。无论前一天晚上我睡了多久，圣诞节早晨我都会生龙活虎地醒来。你是否也有同样的经历？

不论让你带着激动起床的理由是什么，你当时的感受如何？你需要强迫自己吗？肯定不需要。在那些让人兴奋的早晨，我们是迫不及待地想要起床。我们会一把掀开被子，像弹簧一样跳起来，就像百米运动员一样冲向新的一天！想象一下自己经历过的每一个这样的早晨，如果每天早晨都这样醒来该有多好！

"神奇的早起"的主要目标就是创造充满能量与激情的起床体验，并让你的每一天都充满正能量。"神奇的早起"会让你每天都带着目标醒来，告别赖床，满怀希望地开始新的一天，将更多时间投入到自我发展中，成为自己需要成为的人，创造自己所能想象到的最非凡、最充实、最富足的人生。"神奇的早起"已

经为成千上万的人带去了福音，你也即将成为其中之一。

我想告诉你，如果不是运用本章将要跟你分享的策略，至今我仍是一个贪睡的懒虫。更可怕的是，我很可能沉湎于过去，宣称自己不习惯早起。众所周知，没人喜欢早起，但人人都喜欢早起的感觉。这就类似于锻炼身体，我们都不喜欢走进健身房，却喜欢健身的感觉。而带着目标早起会让你充满正能量。

每天早晨闹钟响起时，人们最不愿做的事情就是从沉睡中醒来。如果将听到闹钟时自己的起床意愿称之为"起床激励水平"，用 1 ~ 10 为此打分，10 分表示你已准备好拥抱新的一天，1 分则表示不管怎样你都要继续睡。

大多数人都会给自己打 1 ~ 2 分。这完全是人的天性，任何人半睡半醒时都想拍掉闹钟继续睡下去。那么问题来了：如果闹钟响起时你的起床激励水平只有 1 ~ 2 分，如何做才能提升自己的水平，创造非凡的一天？

答案很简单：一步一步来。以下是五个简单的防赖床步骤，你会发现原来早起很简单。

第一步：睡前进行积极的自我暗示

早晨醒来时脑海中的第一个想法往往就是你晚上睡觉前的最后一个想法。例如，人们都有因为对第二天充满期待而难以入睡的经历。无论是圣诞前夜、生日的前一天、开学的前一天、去新公司上班的前一天，还是去旅游的前一天，只要闹钟一响，你就会激动地从床上一跃而起准备拥抱新的一天。

如果你睡前的最后想法是："天啊，我只能睡 6 个小时，明天早晨肯定会无精打采！"那么第二天早晨闹钟响起时，你绝对会这样想："天啊，6 个小时这么快就过去了吗？不！我还想多睡一会！"

因此，早起的第一个策略就是：在前一天晚上睡前积极地暗示自己。你可以登录 www.TMMBook.com，下载"神奇的早起睡前宣言"，它可以帮助你迈出成功的第一步。

第二步：将闹钟放到自己够不着的地方

现在，马上将闹钟转移到离自己床边最远的位置，这样你就可以强迫自己从床上爬起来，进入运动状态。因为运动会产生能量，所以当你离开被窝时，身体自然而然就醒过来了。

如果将闹钟放在床头，只需要轻轻一拍就能关掉的话，你仍然会处于半睡半醒的状态，这样只会让起床变得更加困难。我敢肯定，你甚至都意识不到自己翻过身按掉了闹铃。我就经常以为自己关闭的是梦中的闹钟。

只要强迫自己离开被窝，你的起床激励水平马上就能从 1 分上升到 2 分，但如果你仍然想睡觉，那就需要进行第三步。

第三步：直接走到盥洗室刷牙

我知道，我知道。"哈尔，你是真的要我去刷牙吗？"是的，刷牙。关键是你要做几分钟无意识但可以让身体苏醒的活动。因此关掉闹钟后，直接走向盥洗室，挤牙膏刷牙，用冷水或热水洗脸，这些简单的活动就能够将你的起床激励水平从 2 分提升到 3 分，甚至 4 分。现在你的口气已经变得非常清新了。接下来是第四步。

第四步：喝下满满一大杯水

起床后第一时间补充水分很有必要。因为若 6 ～ 8 个小时没有喝水，你的身体已经处于轻微脱水的状态，而脱水会导致人体疲劳。所以当你感觉身体疲惫时，其实更需要喝水，而不是睡觉。

没人喜欢早起，
但人人都喜欢早起的感觉。

倒一杯水（或者你在前一天晚上就准备好水）迅速喝下它，让你的大脑和身体再次充满水分和活力。通常情况下，喝掉那杯水，你的起床激励水平就会从 3 分上升到 4 分，或者从 4 分上升到 5 分。

第五步：穿上晨练服出门锻炼

最后一步就是穿上晨练服，这样你就能做好离开卧室的准备，立即开始"神奇的早起"。有些人喜欢起床时先冲澡，但我认为应该先练出一身汗，然后再洗澡。

如果你想要挖掘自己的最大潜能，晨练是至关重要的一步，因为它能够让你的精神和身体都达到巅峰状态，让你在新的一天充满斗志。下一章我们将继续深入讨论这个问题。

执行上述五个步骤只需要短短 5 分钟。全部做完后，你的起床激励水平应该可以上升到 5 分或者 6 分。

进行"神奇的早起"时，只要保持头脑清醒就应该不是一个难题。如果你任由自己停留在起床激励水平为 1 分的状态，"神奇的早起"将很难执行下去。

让我们快速回顾一下让起床变得更为简单，防止贪睡的五个步骤：

第一步：睡前进行积极的心理暗示。这是最重要的一步。记住：早晨的第一个想法往往是你前一天晚上睡前的最后一个想法。因此每天晚上入睡前，请积极地暗示自己。

第二步：把闹钟拿到离床较远的地方。记住：运动产生能量！

第三步：刷牙。一把好牙刷和牙膏能为你带来额外的活力！

第四步：喝一大杯水。第一时间给自己补充水分，既能赶走疲劳，又能让自己清醒。

第五步：穿上你的晨练服。进行晨练让自己出汗，再奖励自己一个冲澡的机会！

上述五个步骤已经帮助过成千上万的人，它的作用远远不只是让早起变得容易。以下是我从"神奇的早起"实践者那里学到的其他策略。

✔ 下载"神奇的早起睡前宣言"：如果你不知道如何制订睡前宣言，现在就登录 www.TMMbook.com，免费下载让人热血沸腾、充满干劲的"神奇的早起睡前宣言"。

✔ 为床头灯安装定时器：早起俱乐部中，有一名成员为自己的床头灯安装了定时器，即闹钟响起时，他的床头灯会自动亮起。这是多么伟大的创意。因为黑暗中我们的大脑很难迅速清醒过来，但光线可以刺激你的大脑，让它知道现在是起床时间。不管你是否使用定时器，请在闹钟响起时第一时间打开电灯。

✔ 为卧室暖气安装定时器：另一名"神奇的早起"的成员

说自己会在冬天将房间的暖气装备设置为起床前 15 分钟开启。房间在夜晚保持低温，当她醒来后才开始升温，这样她就不会因为寒冷而在早晨赖床。她宣称此举效果非同凡响。

你可以随意制订最适合自己的防贪睡策略。如果你有自己的方法分享给大家，我非常欢迎，请随时通过 Facebook 或 www.MyTMMCommunity.com 与我联系。

赶快试一试这些高效、果断的策略吧，它可以迅速提高你的起床激励水平。今晚就开始朗读"神奇的早起睡前宣言"，将闹钟拿到离床较远的地方，为第二天早晨准备一大杯水，起床后马上刷牙，穿上晨练服。

第 5 章

S.A.V.E.R.S. 人生拯救计划

　　紧张、压力、挫败、缺乏成就感……

　　虽然上述词语令人倍感压抑，它们却相当精确地描述出大多数人对生活的感觉。我们确实生活在人类历史上最繁荣、最先进的时代。如今，我们比以前拥有更多的机会和资源，但我们并没有发挥自己真正的潜能。我对此深感不安，你感觉如何？

　　你是否有这样的感觉：自己想要的生活和想要成为的人看似近在咫尺，却总是无法实现？虽然你能够感觉到潜能的存在，却从未真正发挥过？当看到别人在某个领域取得卓越的成就时，你是否怀疑他们掌握了某个不为人知的秘诀？你是否认为如果自己知道了秘诀，一定也能够在那个领域获得非凡的成功？

　　我们经常不能取得成功的原因就是：无法在生活的某个方面或者多个方面坚持不懈地努力与奋斗。我们会花很多时间"思考"如何做，最后却没有真正地展开行动；我们都知道应该怎样做，只是不会持之以恒地付诸实施。你是否也是其中之一？

那么你会问潜能的鸿沟到底有多深？答案就是：因人而异。你或许认为自己的小宇宙随时可以爆发，只需要再添柴加火即可；或者你完全不知道自己的潜能是什么，也不知道该从何开始做起。无论你是哪种情况，都应该谨记：你绝对可以跃过潜能的鸿沟，过上理想的生活，成为最好的自己。

或许你正坐在潜能鸿沟的此岸对遥不可及的彼岸心灰意冷；或许你正努力朝着彼岸前进，却被困在某处因而无法再向前走完最后的行程。这一章将会介绍六种工具，帮助你发掘自己的全部潜能，成为你想要成为的人。

我们每日行色匆忙地维持平庸的生活，挣扎在泥沼中，甚至没有时间专注自己最重要的"人生"大事。生活和人生之间有何区别？生活是指我们身边一系列的外部环境、事件的集合，但那不是人生的全部。我们的人生比生活更丰富。

你的人生是指潜藏在内心最深处的自己，它是由一系列的内部因素组成，包括你的态度、心智等，一切能够赋予你能量且让你在任何时候都能改变、提升或颠覆生活的因素。

人生包括生理、智力、情感和灵性等，它们是你人生中的必然组成部分。生理包括身体、健康和能量等方面；智力包括心智、智力和思想等方面；情感包括你的情绪、感受和态度；灵性则指你的精神、灵魂等。

人生就是这样。当开始改变自己的信仰和态度后，你就能改变外部环境、人际关系、结果，乃至生活中的一切。就像诸多前辈告诫的那样：外部世界是我们内心世界的倒影。通过每天的努力，以及专注于提升自我，你就能成为最好的自己，人生也将得到改善和提高。一切都是水到渠成的事情。

我在此郑重承诺，只要每天持续执行个人发展项目，你就一定能成功地实现人生飞跃。因为我已经成功了，所以你也一定能够做到。只要你不再找诸多借口，而是努力摆脱平庸、超越平凡，成功就不再是一个遥不可及的幻想。

大多数人都想拥有 10 级的人生，过上非凡、充实、富足的生活，却又总认为那是遥不可及的幻想。因为他们每天都背负着生活重担，而无暇顾及自己的人生。

生活重担最终会让你在悔恨与空虚中悲惨地度过一生。为了拯救自己的人生，你必须每天将精力投入到个人发展项目中，并将其列为最优先处理事项。通过执行"神奇的早起人生拯救计划"（The Miracle Morning Life S.A.V.E.R.S.），即六个简要而不简单的步骤，这六个步骤可以分别帮助你在身体、智力、情感和精神等诸多方面得到提升。这样你就能成为自己想要成为的人，开创自己想要的人生。

记住，一旦你改变了自己的内部世界，外部世界也会随之而变；你提升了自己的人生，生活的重担就会随之减轻。

我知道，如果躺着就能获得成功，大部分人肯定非常高兴。可是除非将你冷冻起来，直到突然继承一笔丰厚的遗产后再将你复活，否则这种事情根本不可能发生。

别担心，这六条"人生拯救计划"经受过人们实践的检验，它们能够唤醒你体内无穷的潜力，有条不紊地改变你的人生。接下来，我们将逐条检查这些计划项目，看它如何帮你成为最好的自己，创造想象中最非凡的人生。

保持"目的性心静"（Silence）

心静，灵魂才能更清楚地看清前路，分辨善恶、认清真假，并抵达澄明之境。

——圣雄甘地

心静时学习的知识比苦读一年书籍学到的更多。

——马修·凯利

别误会，第一个 S 并不代表"睡觉"（Sleep），而是"心静"（Silence），这是"人生拯救计划"的第一步，同时也能够有效地改变我们喧嚣、快节奏、压力大的生活。我在这里要讨论的是"目的性心静"的强大力量。"目的性"意味着你要带着强烈的愿望让内心平静下来，但放空大脑并不叫做"心静"。就如同马修·凯

利在其著作《生活的节奏》中所言："心静时学习的知识比苦读一年书籍学到的更多。"这是智者的警世名言。

如果你想减轻压力，请让大脑保持冷静、明晰。这样你才能专注于人生中最重要的事情，甚至随时取得成功，这是大多数人没有做到的事情。因此，每天早晨请带着"目的性心静"醒来。

从祈祷的力量到冥想的魔法，"心静"中蕴含着巨大的力量，它足以改变你的人生，这已经被各个时代的成功人士所证明。许多历史伟人就是通过"目的性心静"突破了自我极限，取得了非凡的成就。

非凡人生，始于每天在最重要的领域持续取得进步。

早起不是一场战争

每天早晨醒来，为了度过乐观积极的一天，你会花时间关注自我、调整心态吗？或者你会一直赖床直到最后一刻才不情愿地起来吗？起床后你会变得冷静、平和并充满活力吗？如果答案是肯定的，那么恭喜你！你已经领先 95% 的人了！

大多数人的早晨简直可以用匆忙、慌乱、紧张甚至一团乱麻来形容，有的甚至还可以用迟缓、懒惰和麻木等贬义词来形容。你的早晨可以用哪些词语来形容？

是的，大多数人的早晨都是在慌乱中匆匆度过。我们忙着为新一天做准备，心里还一直默默地想："我们今天必须做什么，必须去哪里，必须见什么人，又忘了什么，快迟到了，最近和家人又吵架了……"

另外一些人的早晨更像是日行一次的磨难。他们经常感到疲惫、呆滞、懒惰，以及无精打采。因此，早晨对于大多数人通常都是紧张、忙乱、迟钝和颓废的代名词，但每天都这样非常不妙。

"心静"可以瞬间缓解你的压力，提高你的自我觉醒度，让你变得头脑明晰，每天都会专注自己的目标和优先事项。

以下是我在"心静"时喜欢做的练习，除了优先从冥想开始之外，它们并没有固定的先后次序。

- ✓ 冥想；
- ✓ 祈祷；
- ✓ 沉思；
- ✓ 深呼吸；
- ✓ 感恩。

有时候我只做其中一项活动，有时候则会全部做一遍。任何一项练习都能让你身心放松、心静如水、专注当下，并做好准备继续执行"人生拯救计划"的后续部分,成功进行"神奇的早起"。

需要声明的是，你不能在床上做这些活动，最好远离卧室，因为待在床上或者任何能够看到舒适床铺的地方，都会让你从"心静"变得"瞌睡"。我通常坐在起居室的沙发上"心静"，而且准备好一切进行"神奇的早起"需要的物品，包括我的宣言书、日记、瑜伽DVD和最近阅读的书籍。一切准备就绪后，我就马上开始执行"神奇的早起"了。

冥想：每天送给自己一份礼物

市场上有很多专门讲授冥想的图书，网站上也有资源，所以我并不打算深入探讨冥想的好处和方法。相反，我只会简明扼要地提及它最大的益处和帮你入门的初级步骤。

冥想的精髓其实非常简单：在一段时间内保持思想的平静或专注。它能促进人的身体健康，效果显著。无数研究发现，冥想甚至比药物更能治疗人的疾病。定期进行冥想不仅可以改善人的新陈代谢，降低血压，提高大脑的活跃程度，还能够缓解压力和疼痛，促进睡眠，提高专注度和注意力，甚至延年益寿。进行冥想不需要很长时间，每天只需要几分钟，你就能感受到它带来的巨大好处。

杰瑞·宋飞（Jerry Seinfeld）、斯汀（Sting）、拉塞尔·西蒙斯（Russell Simmons）和奥普拉·温弗瑞等成功人士都曾公开表示，定期进行冥想是他们生活中不可或缺的一部分。特百惠公司 CEO 里克·戈因斯（Rick Goings）告诉《金融时报》（*The Financial Times*）的记者："我每天都要冥想 20 分钟，练习冥想不仅能够消除我的压力，而且能够净化我的心灵和眼睛，让我看清事实，甄别最重要的事情。"据《赫芬顿邮报》（*The Huffington Post*）报道，奥普拉·温弗瑞也曾表示，冥想能帮她实现"跟上帝沟通"。

虽然冥想有很多种流派和类型，但总体而言，你可以将它们分为两大类：指导型冥想和个体型冥想。指导型冥想是指你可以按照他人的指示和帮助，调整自己的思绪、注意力和觉醒度，从而进行冥想；个体型冥想则是指你按照自己的方式，而不需要外界的帮助进行冥想。

以下是一套详细、简单的个人型冥想步骤，即使你此前从未进行过冥想，也可以将它运用到"神奇的早起"当中。

✔ 开始冥想前，我们应该调整好自己的精神状态，并设定好自己的期望。此时我们应该让自己的心变成平静的湖面，放下一切执念，什么也不要想，既不要执着于过去，也不要担心未来，完全关注现在。我们要放下所有的压力，暂时抛开一切烦恼，全身心地感受眼下的时刻。认真地想一想：抛开身外之物，抛开行为，撕掉一切标签后，我到底是谁？这个问题的答案往往是"存在"。没

有思考，没有行动，只是一种存在。如果你认为这听上去很陌生或者太新奇，没有关系，因为我也曾为此困惑。如果你此前从来没有想过这些问题，那么现在就是绝好的时机。

✓ 找一个安静、舒适的地方坐下。你可以坐在沙发上、椅子上、地板上，或者躺在舒适的枕头上。

✓ 坐直身子，双腿盘坐。你可以闭上眼睛，或者盯着离身体约60厘米远的地板。专注自己的呼吸，让呼吸变得缓慢而深沉。鼻孔吸气，嘴巴呼气。用腹部呼吸，而不是用肺呼吸。正确的呼吸方法应该会让你的腹部扩张，而不是胸部扩张。

✓ 现在，开始控制呼吸的速度。吸气时，慢数三下（一、吸气；二、吸气；三、吸气）；而后屏住气息，慢数三下（一、屏气；二、屏气；三、屏气）；最后呼气，慢数三下（一、呼气；二、呼气；三、呼气）。你在专注呼吸时要让自己的思绪和情绪平静下来。要注意的是，当你尝试让自己平静下来时，思绪可能仍然会时而波动，你可以直接释放它们，再将所有的注意力都集中到呼吸上。

✓ 记住，此时你应放弃思考，放下所有的压力，暂时抛开一切烦恼，完全地感受此时此刻。此时的你是一种纯粹的“存在”，没有思考，没有行动，只是“存在”本身。

随后继续跟随你的呼吸，想象自己吸入的是积极、爱、平静与力量，呼出的是压力和烦恼。享受安静，享受此时此刻。

✔ 如果你发现自己的大脑总是在不停地思考，很难完全放空，那么最好的办法就是将自己的思考集中在一个词或者一句话上，并在呼吸时不断重复。例如，你可以在吸气时想"我吸入了平静……"，呼气时想"我呼出了压力……"，随后再重复几遍。你可以将自己渴望的任何事物替换进去，无论是平静、爱、自信、信仰、能量，还是别的什么事物。

✔ 冥想是一份你可以每天都送给自己的礼物，它非常神奇。现在冥想已经成为我生活中最为享受的活动。我们可以在冥想时从压力和烦恼中暂时解脱出来，享受平静、感恩和自由。你可以将冥想看成每天的暂时休假。冥想结束后，虽然烦恼仍然存在，但你已经拥有了更强大的力量解决它。

控制"思想多动症"

关于心静时要做什么并没有唯一的答案。你可以祈祷、冥想、感恩，甚至深思。我刚开始进行心静或者冥想时特别困难，原因是医生诊断我患有多动症。尽管我不太同意医生的诊断，甚至不

认为多动症是一种病症。但我确实很难安静地坐着，无论是内心还是身体。我的思想就像过山车一样永无休止地前进、翻滚，一刻也不肯停息。

即使身体稳如泰山，我的内心也波涛汹涌。正因为我无法让自己的心平静下来，所以我才有必要学习如何控制它。坚持了三四周后，我才开始慢慢地静下来，感觉可以驾驭自己的思想了。静坐时，我会允许思想涌入，平和地接受它们，随后就会果断地让它们随风而逝。因此，如果你在刚开始进行冥想或心静时遇到了困难，千万不要轻易放弃。

心静应该持续多久，我建议从 5 分钟开始。不过下一章，我会教你每天如何在 60 秒内完成它！刚开始进行心静时，我会静静地坐着，冷静而放松，进行祷告、冥想、沉思和感恩，再深呼吸 5 分钟。这将是开启人生每一天的绝佳方式！

真正的自我肯定（Affirmations）

"我是最伟大的！"穆罕默德·阿里（Muhammad Ali）一次次对自己这样说，并最终将它变为现实。自我肯定是最高效的工具，能够助你迅速成为最好的自己，实现一切人生理想。除此之外，它还能帮你调整自己的精神状态，提升人生的境界。

诸如威尔·史密斯（Will Smith）、金·凯瑞（Jim Carrey）、苏茜·欧曼（Suze Orman）、穆罕默德·阿里、奥普拉·温弗瑞等世界名人，都公开宣布了自己的积极思维信仰，并承认"自我肯定"在他们取得成功的道路上起到了重要的作用。这显然不是巧合。

不管你是否意识到，大家都喜欢自言自语，事实上，我们所有人时时刻刻在内心进行着自我对话，而且大部分都是无意识的。无论怎样，我们都会在头脑中反复回放过去的经历。因此自言自语不仅是一个正常的行为，而且是我们应该学习了解并最终掌控的技能。然而，很少有人愿意主动地选择积极的、具有前瞻性的思考方式，虽然它们可以提升人的价值。

最近，我看到一份统计数据：80% 的女人在白天至少会产生一次自卑心理（如身材、工作、别人对自己的看法等）。我敢肯定男人也是这样，尽管程度可能稍微轻一点。

自言自语可能会对你生活的各个方面（如自信、健康、幸福、财富、人际关系等）产生戏剧性的影响。自言自语可能成为让你腾飞的跳板，也可能成为你的绊脚石，这取决于你如何利用它。如果你不有意识地控制它，很可能会整天沉浸在恐惧、焦虑和不自信之中。

当你主动设计并写下自言自语时的脚本，使它与自己的理想保持一致，每天重复（最好大声说出来），它就会对你的潜意识产生重大的影响。自我肯定会影响你的思维方式和自我认知，帮你突破自己信念与行为上的局限，为成功打下坚实的基础。

喜剧演员的方法不见得不好用

我第一次感受到自我肯定的力量要追溯到和朋友马特·里科（Matt Recore）住在一起的时候。他是我朋友圈中的成功人士。我几乎每天都会听到马特在浴室里大喊大叫。刚开始，我以为他在跟我说话，于是我走到门前，将耳朵贴上去，结果却发现他在说："我是命运的主人！我注定会取得成功！我今天要做好一切能做到的事，创造梦想中的生活！"

当时我想：他真是个怪人。

那时，我只在《周六夜晚秀》（*Saturday Night Live*）的讽刺小品中见识过"自我肯定"，艾尔·弗兰肯（Al Franken）扮演的斯图尔特·斯莫利（Stuart Smalley）紧盯着镜子，不停地说："我很棒！我很聪明！大家一定喜欢我！"

因此，我一直认为"自我肯定"是一件很愚蠢的事情，但马特并不这么认为。作为托尼·罗宾斯的学生，马特多年来一直在坚持"自我肯定"，并取得了非凡的成就。25岁时，他就已经拥有了5处房产，并且跻身全美顶级网络工程师的行列。其实我早就该醒悟了，马特当然知道自己在做什么。毕竟我是房客，他是房东。不幸的是，几年之后我才意识到自我肯定中蕴含的改变人生的力量。

阅读拿破仑·希尔的经典著作《思考致富》之后，我第一次亲身实践了自我肯定。尽管我怀疑这能否改变人生，但试试也无妨。如果它对马特管用，我肯定也适用。于是我将目标瞄准了自己经历车祸后留下的后遗症：记忆力在脑部受到损伤后变得很糟糕。如果读过我的第一本书《直面生活》，你就知道在经历车祸后，我的记忆力基本降为零。那时候的场面有点滑稽。家人朋友来医院看我，陪伴了我几个小时，但出去吃饭完回来时，我就已经不认识他们了。

由于外伤性脑损伤造成的生理缺陷，导致我不断地强化这种自我暗示：我的记忆力很糟糕。每次当朋友们希望我记住某事或者提醒他们某件事时，我总是会回答："我很想这样做，但是我真的做不到。因为我的大脑受损，记忆力特别不好。"

当时距离我出车祸已经 7 年了，尽管大脑确实受损，但是我应该放下过去继续前进。或许我的记忆力真的很糟糕，可是我也从来没有想要去改变它。就如亨利·福特（Henry Ford）所言："无论你以为自己做得到，还是做不到，你都是对的。"

如果自我肯定可以提高我的记忆力，那么还有什么事情是不能改变的？因此我起草了自己的第一份"自我肯定"宣言：不要再认为自己的记忆力很糟糕；我的大脑很神奇，它拥有强大的自愈功能；我可以提高记忆力，但具体改善到哪种程度则完全取决于我的信心和决心；因此从现在开始，我潜意识中要相信自己拥有非凡的记忆力，而且一天比一天更强。

我每天进行"神奇的早起"时都会朗读这份简短的自我肯定

宣言。不过，我并没有从之前的思维模式中完全解脱出来，并不完全相信它的功效。两个月后，我身上突然发生了一件 7 年来从未发生过的事。当一位朋友叮嘱我千万要"记得"第二天给她打电话时，我说："好，没问题。"话音刚落，我就瞪大了眼睛，对自己的反应感到又惊又喜，因为我的潜意识终于不再相信自己的记忆力很糟糕了。

通过自我肯定，我对自己的潜意识进行了重新编程，从而摆脱了以前的负面想法，变得更积极了。

我终于相信，自我肯定拥有强大的力量。它不仅可以提高我的记忆力，而且能对生活的各个方面产生正面的影响。于是我一鼓作气，对健康、财务、人际关系、幸福、自信等一切需要改善的地方都进行了"自我肯定"。没有不可能，一切皆有可能！

不断地肯定，直到变成信仰。
一旦信仰变成深刻的信念，
一切将开始发生变化。

主动对自己的潜意识编程

我们都会对潜意识进行编程，从而影响自己的思维、信仰和行为方式。这种编程是许多因素共同影响的结果，包括别人对我们的评价，我们对自己的评价，以及所有的生活经历。有些人的潜意识会让快乐和成功变得更简单，但对于大多数人而言，他们的潜意识都只会让生活变得更加艰难。

坏消息是：如果不主动对自己的潜意识进行编程，那么我们的潜能将日渐枯萎，人生将会永远被困在恐惧、不安和过去的极限之中。我们不能只关注自己的错误，不能再给自己编程平庸的人生。我们应该停止为过去内疚，放下自卑，勇敢地朝着自己想要获得的成功前进。

好消息是：我们随时都可以对自己的潜意识进行重新编程。我们可以帮助自己克服恐惧，摆脱不安，改掉坏习惯，突破自我局限，改变过去的行为方式，释放自己的潜能，在生活的各方面都取得自己想要的成功。

你可以用自我肯定变得自信，取得成功。你只需要不停地自我暗示：我想成为什么样的人，我想要实现什么样的目标，我将如何实现目标。只要不停地重复暗示，你的潜意识就会开始相信这些话语，跟上你的步伐，最终实现你的目标。

写下你的自我肯定宣言，确保自己能够每天反复地朗读它，逐步调整自己的心理或精神状态，进而对潜意识进行重新编程。如果你不断地重复同一条自我肯定，它最终将进入你的心灵，改变你的思维、信念和行为，因为这是你主动选择的结果。所以，你需要一份经过精心设计的自我肯定宣言，才能离自己想要的成果更近一步。

五个步骤，写出充满力量的"自我肯定"宣言

第一步：你真正想要什么？

写下自我肯定宣言，主要是要将新的信念、态度、行为和习惯重新编程进你的潜意识，让你能够吸引、创造并维持自己想要的 10 级成功。因此，你的宣言必须能足够清晰、准确地表达出自己真正想要的事物。

你可以将宣言内容聚焦到自己最想要实现突破的领域，比如健康、心态、情绪、财务和人际关系等。第一步就是要明确地写下自己真正想要什么。

第二步：为什么想要那些？

我的好朋友亚当·斯托克（Adam Stock）是股票上涨有限公司（Rising Stock, Inc.）的董事长，他曾告诉我："智慧从'为什么'开始。"每个人都想获得快乐、健康和成功，但"想要"无法让美梦成真。那些克服平庸并实现人生理想的人，背后都有一个非凡而强大的"为什么"作为驱动力，而且他们的人生目标很清晰，远远高于他们各种人生问题的总和。人生目标面前，任何障碍都不值一提，他们每天都会带着目标醒来，朝着理想一路狂飙。

越是深入探究"为什么"，你就越是发现自己想要的所有事物都非常重要。最深刻的"为什么"将会赋予你无穷的力量朝着人生目标前进。

第三步：你必须成为什么样的人，才能得到你想要的？

我的第一位商业教练杰夫·苏依（Jeff Sooey）曾说："这是轮胎与地面接触的部分。"换言之，这是真正开始行动的一步，更是让你实现蜕变的一步。只有投入大量时间到自我发展项目上，你才能取得进步，成为自己想要成为的人。做自己应该做的事，是你实现人生目标的先决条件。因此你首先应该弄清楚自己需要成为什么样的人，再开始拼命努力，将自己的人生、事业、婚姻都提升到下一个层次。这种自我超越将永无止境。

第四步：你必须做什么，才能得到你想要的？

确定你需要坚持做什么才能实现理想人生？你想要减肥吗？可以在自我肯定时说："我 100% 要坚持进行每周 5 天、每天 20 分钟的跑步机锻炼。"如果你是一名销售员，你可以说："每天上午 8：00 ~ 9：00，我要打 20 个电话。"行为越具体越好，请在自我肯定中写出行为的频率、数量和持续时间等详细信息。

另外很重要的一点是，你应该从小事做起。你可以循序渐进地进行，如果之前你很少去健身房，那么每周去 5 天、每天 20 分钟将是一个量的飞跃。行动过程中收获的成就，不仅能促使你走得更远，而且还可以防止因为目标过高而灰心丧气。你可以慢慢地接近自己的最终目标。首先，制订一份周计划；其次，在合适的时候进行修改和提升。如果每周去 2 天、每次锻炼 20 分钟，你都做到了，那么几周之后，你就可以将目标改成每周 3 次了。

早起的奇迹

第五步：搜集励志名言

我总是将搜集到的名人名言添加到自我肯定的宣言中。比如，其中一条就引用自马歇尔·古德史密斯（Marshal Goldsmith）的《成功人士如何取得更大成功》（*What Got You Here Won't Get You There*）："成为高影响力人士的首要技巧就是，真诚地让别人感觉自己是世界上最重要的人。正是使用这种技巧，比尔·克林顿（Bill Clinton）、奥普拉·温弗瑞和布鲁斯·古德曼（Bruce Goodman）成为各自领域的成功人士。我也会这样做！"

还有："遵循蒂姆·菲利斯（Tim Ferris）的忠告——如果你想要将生产力最大化，你就应该规划 3 ~ 5 个小时或半天时间，让自己完全专注一件事情或一个项目，而不是每隔 60 分钟就换一个目标。"

不论何时何地，只要听到让自己深受启发的名言警句，或看到一句能够给自己的策略或思想带来灵感的哲理，就将它添加到自我肯定宣言中，那是你提升自我的绝佳机会。如果每天都这样做，你就能将这些哲理和策略整合到自己的思维和生活当中，创造更成功的人生。

你可以这样进行自我肯定

✔ 为了提高自我肯定的效率，你应该饱含感情地进行朗诵。

如果只是有口无心地反复诵读，而不用心感受它的精髓，那你只是在浪费时间。你必须将感情注入诵读的每一条自我肯定当中。请好好享受这个时刻。如果它让你感觉兴奋，手舞足蹈地大叫大喊也可以。

✔ 你可以运用很多方法帮助自己吸收那些哲理的精髓，比如站在高处、深呼吸、紧握拳头等。将身体活动和自我肯定结合起来，将会产生强大的身心合一的效果。

✔ 请记住，自我肯定永远不会有最终版本，你应该不停地修订、优化。随着你不停地学习、成长和进步，自我肯定也要跟上步伐。如果你有了新的目标、梦想、习惯，或者你想吸收一条新的哲理，将它添加到自我肯定当中。当你完成了一个目标，或养成了一个好习惯后，就没必要每天重复它了。

✔ 你必须每天进行自我肯定。是的，每天都要进行。如果你只是偶尔进行自我肯定，那就像偶尔进行身体锻炼一样，根本没有作用。除非每天都做，否则你根本观察不到实际效果。这在很大程度上就是"神奇的早起30天人生改变计划"的精髓：将人生拯救计划的每一条都变成你的习惯，你就可以轻松地做到了。

> ✔ 再补充一句：不论是读本书还是读其他书，这种阅读行
> 为本身就是一种自我肯定。你阅读的任何文字，都会影
> 响你的思维。坚持阅读积极、正面的书籍和文章，你的
> 思维就能得到重新编程，信念和习惯就会得到改变，进
> 而帮你取得成功。
>
> 访问 www.TMMBook.com
> ✔ 设计并完善你的自我肯定宣言。
> ✔ 查看我的自我肯定。
> ✔ 浏览并下载"神奇的早起"自我肯定宣言。它能够帮助
> 你减肥、改善人际关系、保持旺盛的精力、获得非凡自信、
> 赚更多的钱、克服忧郁症等。

内心演练（Visualization）

内心演练又称作"创造性具象化"或"具象化"，是指运用自己的想象力创造一幅有关人生具体行为或结果的蓝图，以取得积极的成果。职业运动员经常利用这种技巧来提高自己的水平。内心演练是一种你想象自己希望实现什么目标，以及需要如何做才能实现它的思维过程。

许多成功人士包括比尔·盖茨、阿诺德·施瓦辛格（Arnold Schwarzenegge）、安东尼·罗宾斯（Anthony Robbins）、老虎伍兹（Tiger Woods）、威尔·史密斯（Will Smith）、金·凯瑞（Jim Carey）和奥普拉·温弗瑞在内，都极力推荐内心演练技巧，并宣称它在帮助自己取得成功的过程中起到了非常重要的作用。我常常在想，奥普拉·温弗瑞之所以能够取得成功，是否与她实践每一条"人生拯救计划"有关?

老虎伍兹被许多人认为是史上最佳的高尔夫球运动员，全世界都知道他经常在心理预演高尔夫球的运行轨迹，将内心演练技巧运用到了炉火纯青的地步；另一位高尔夫球世界冠军杰克·尼克劳斯（Jack Nicklaus）说："哪怕是训练，我也会首先在脑海预演一遍击球的过程，然后才会击球。"

威尔·史密斯说自己经常使用内心演练技巧战胜挑战，取得成功前先想象自己已经取得了成功。另外一个知名的案例是金·凯瑞，他在 1987 年为自己写了一张 1 000 万美元的支票，支票的日期为"1995 年感恩节"，备注为"表演薪酬"。随后，他为这个目标奋斗了很多年。终于，1994 年他在出演《阿呆与阿瓜》（*Dumb and Dumber*）时获得了 1 000 万美元的报酬。

三步完成内心演练

大多数人总是被困在过去，总是在脑海中反复播放曾经失败

和心碎的画面。内心演练技巧是让你设计出自己想象的画面，让令人兴奋且没有极限的未来带着你前进。

下面我将对如何使用具象化技巧简单地进行介绍。只需三个简单步骤，你就能开始自己的具象化过程。每天早晨，当朗诵完自我肯定宣言之后，我通常会在起居室的沙发上坐直，闭上眼，缓慢地深呼吸几次。随后我会用 5 分钟的时间简单地想象自己理想的一天，想象自己轻松、自信而又愉快地完成一天工作的情形。

例如，在写作这本书的几年时间里，我在动笔前都会首先想象自己轻松愉快地享受创作过程，完全没有写作压力、文字恐惧和遇到阻碍的场景。除此之外，我还会想象自己最终取得的成果——人们读完本书后对它爱不释手，甚至奔走相告。通过这一系列没有压力和恐惧的想象，我变得干劲十足，而且轻松地克服了拖延症。

当你读完自我肯定宣言，专注于自己的人生目标以及你必须要成为的人之后，这段时间就是你运用具象化技巧将人生方向对准自我肯定宣言的绝佳时机。

第一步：深呼吸

有些人喜欢边听音乐边进行具象化，比如古典音乐或巴洛克音乐。如果你也想试试，请注意将音量尽量调小。

现在，找一个舒服的地方。无论是椅子、沙发还是地板，请随意。请坐直身子，深呼吸，闭上眼，清空大脑。

第二步：开始想象未来

很多人想象自己取得成功时会感到非常不舒服，甚至会害怕；有人无法想象自己成功时的样子；还有人只要想到自己会把 95% 的人甩在身后，就会心生内疚。

以下这段话，或许会引起那些在进行具象化时感觉精神不振或情绪不佳的人的共鸣，它引自玛丽安·威廉姆森（Marianne Williamson）的著作《回归爱》（*A Return To Love*）：

> 我们最深的恐惧并不是自己的不足，而是自己拥有无穷的力量。我们只是害怕自己的光芒，而不是阴影。我们总是怀疑自己是否会成为一个才华横溢、慷慨大方、魅力四射的人。事实上，我们为什么不能成为这样的人？我们都是神的孩子。如果我们碌碌无为，就无法服务世界。我们不能退缩，要带给身边的人安全感。我们注定会光芒万丈，就像孩子们一样。我们注定会将神赋予我们的光芒照向全世界，这里并不是指天赋异禀的少数人，而是指每个人。一旦我们开始释放自己的光芒，就能够感染身边的人。当我们不再恐惧时，身边的人也会觉得放松。

我们能够赠予所爱之人最大的礼物，就是在生活中发挥自己

的全部潜能。你真正想要的是什么？暂时忘掉逻辑，忘掉极限，抛开实际。如果你能得到任何事物，能做任何事情，能够成为任何人，你想要什么？你想做什么？你想成为什么样的人？

将自己的主要目标、最深的欲望和最激动人心的梦想具象化。去看、感受、聆听、触摸、品味它的每一个细节。调动自己的一切感官进行具象化。你的想象越是生动，就越可能采取必要的行动将理想变为现实。

现在，请按下快进键，穿越到未来，看自己是如何取得成功的。你可以想象更近的未来，比如今天晚上，也可以想象更远的未来，就像我在写这本书时一样。我想象人们满怀喜爱地阅读这本书，并把它推荐给自己的朋友。关键在于，你必须非常渴望实现目标，必须非常渴望体验坚持到底实现目标的成就感。

第三步：实践梦想

一旦你明确了自己真正想要的事物，那就开始思考自己需要成为什么样的人才能实现梦想吧。想象自己每天为了梦想而坚持积极地行动，包括锻炼、学习、工作、写作、打电话和发邮件等。千万记住，你在想象时要让自己很享受那些过程。想象自己带着微笑在跑步机上挥洒汗水，因为自律而充满了骄傲；想象自己在打推销电话、作报告，或者当你终于推动了某个艰难项目时，表现出的决心和自信；想象你的同事、顾客、家人、朋友和配偶会对你的积极乐观有什么反应。

让具象化成为你的得力助手

每天早晨，除了自我肯定外，进行简单的具象化流程，可以为你的潜意识插上另外一双成功的翅膀。你将每天都朝着梦想努力前进，并最终实现它。

有些专家认为，将目标和梦想具象化可以帮自己实现梦想。无论你是否相信"吸引力法则"，具象化都是一种实用技巧。当你将自己想要的事物具象化以后，你的情绪也会被调动起来，自然而然地指引你朝着梦想前进。你对渴望的事物想象得越是生动，对实现目标后的感受就越是强烈，那么将它变为现实的可能性就越大。

每天进行具象化的过程，就是你的思维和情感调整到跟目标保持一致的过程。这样一来，你就会有很强的动力采取必要的行动。具象化是一种强大的辅助工具，能帮助你改正坏习惯（比如拖延），随后朝着目标脚踏实地地前进。

我建议大家的具象化过程保持在 5 分钟以内。下一章"6 分钟神奇的早起"中，我会教大家如何每天用 1 分钟汲取具象化的所有精华。

制作个人愿景板

愿景板因畅销书《秘密》（*The Secret*）而被世人广泛接受。它其实就是一块公告板，你可以在上面贴上相关的图片，宣告自

己的渴求：你想要成为什么样的人，你想做什么，你想过怎样的生活等。

创建属于自己的愿景板是一件很有意思的事，你可以跟朋友、伴侣，甚至孩子一起合作。它可以成为你的具象化工具。如果你需要更详细的说明和指导，请阅读克里斯汀·凯恩（Christine Kane）的博客《如何制作一个愿景板》（*How To Make A Vision Board*），或登录 www.ChristineKane.com 下载免费电子书《愿景板完全指导手册》（*The Complete Guide To Vision Boards*）。

记住，虽然创建愿景板很有趣，除非采取行动，否则你的人生不会发生任何改变。我非常赞同医学博士尼尔·法伯（Neil Farber）在 www.psychologytoday.com 上的一篇文章中所言："愿景板拉近梦想，行动板实现梦想。"所以你应该清楚，虽然每天看一遍愿景板可以让你充满干劲、聚焦目标，但只有采取行动你才能取得成果。

开始锻炼（Exercise）

晨练应该成为你的日常活动中不可或缺的一部分。每天早晨，哪怕只锻炼几分钟，也能大大提高你的精气神，让你保持健康，使自己变得更加自信，情绪得到改善，思维变得清晰。如果你认为自己太忙，没有时间进行锻炼，那么接下来，我将教你每天用60秒的时间进行高效锻炼。

最近有一段视频让我大开眼界。那是畅销书作者托尼·罗宾斯对个人能力发展专家、白手起家的百万富翁企业家埃本·帕甘（Eben Pagan）进行采访的录像。托尼问："埃本，你认为自己能够获得成功，最关键的因素是什么？"埃本回答说："我每天早晨起来以后都会做一遍'个人成功例程'，这就是我取得成功最关键的因素。"随后他谈到了晨练的重要性。

埃本说："每天早晨，你必须让心脏强烈地跳动起来，让血液流满全身，让肺部充满氧气。"他又继续说道："不要只是在每天晚上或白天进行锻炼。哪怕你喜欢运动，也要记得在早晨加练10 ~ 20 分钟的跳绳或其他有氧运动。"

晨练有很多好处，它可以唤醒你的身体，激活你的大脑，帮助你在白天保持精力充沛。如果你在起床后马上开始晨练，不仅有助于改善你的身体状况，还能延年益寿。

> **大多数人最喜欢的"锻炼项目"**
> **就是走捷径、和朋友吵架、**
> **推卸责任和偷懒。**

无论去健身房、出门跑步，还是跟着 DVD 做健美操，只要你喜欢就好，但我仍然会在这里推荐几项运动。就我个人而言，如果只能选择一项运动，我会毫不犹豫地选择瑜伽。发明"神奇

的早起"后不久，我就开始练习瑜伽，并坚持至今。瑜伽是一种非常成熟的运动，它将拉伸、力量训练、有氧运动和呼吸有机地结合起来，甚至还包含了冥想。

来自瑜伽教练的推荐

说到瑜伽，就要提到我的好朋友达莎玛。几年前，我通过她的学生认识了这位闻名世界的瑜伽导师。达莎玛是我所认识的最正宗、最高尚、最实际、最全面的瑜伽老师。我邀请她与大家分享有关瑜伽益处的独特观点。

瑜伽是一种综合型的运动，涉及生命的多个层面，包括身体、精神、情绪和心灵等。当哈尔邀请我在他的书中介绍瑜伽时，我认为瑜伽和"神奇的早起"非常契合。从我自己的经历出发，我敢肯定瑜伽能够为你的生活带来奇迹。这是我的真实经历，也是我在全世界范围内的学生的亲身感受。

最重要的是，瑜伽有很多种动作可以选择。你可以坐着冥想，可以深呼吸打开自己的肺叶，或者下腰扩张胸腔。关键是你在练习时，要运用正确的方法，并将它跟自身的优势结合起来。

进行全面的瑜伽练习能够提高你的生命质量。它可以让一切失衡行为回归正轨，并能够移除你身体内的一切杂质，促进新的血液循环和能量循环。我希望你聆听自己身体的需求，随时准备尝试一些新的动作。如果想要获得更多的瑜伽指导和视频资料，请访问 www.pranashama.com。

祝福和爱

达莎玛

大家都知道，想要保持身体健康和精力充沛，就必须坚持锻炼身体。但是大多数人总是会找借口偷懒。其中最主要的两个借口是"没时间"和"太累"。只要你足够聪明，再多、再奇怪的借口也能编出来，不是吗？

这就是要把晨练整合到"神奇的早起"计划中的妙处。在一天尚未开始的时候，你不能拿"太累"当借口。在"神奇的早起"计划中，你再也找不到这样的借口，晨练会成为你没有理由不做的事，久而久之，你就会养成晨练的习惯。（如果想知道更多轻松养成好习惯的方法，请参考第 9 章）

法律免责声明：这一点（进行晨练）是不言而喻的，但我必须强调，选择任何形式的锻炼项目前，你都应该

咨询专业医生，尤其当你在生理上感到疼痛、不适或身体有残疾时。如有必要，你应当修改甚至取消自己的晨练计划。

阅读（Reading，含推荐书单）

人生拯救计划的第五步就是读书。它不仅是一条改变人生的捷径，而且也是让你学到相关知识、观点和策略，从而获得10级成功最直接的工具。

读书的关键在于向专家学习。不论你想什么事情，各个领域的专家在之前都已经做到了极致。实现梦想最快的方式就是模仿前辈的做法。世界上有各种各样的书，通过每天的阅读，你能获得自己想要的任何知识。

最近，我总是会听到有人嘲弄说自己不想读境界太低的书。"是的，我从来不读'励志'书。"这句话就好像在说读励志书会拉低他的层次一样。真是一个可怜的孩子。我不知道他是真心这样认为，还是一时糊涂说出这种话。事实上，他会错过从世界上最出色、最成功的人身上汲取大量知识，不断成长进步而获得成功的机会。

无论想学什么知识，你都能从各种相关的书籍中获得。如果你想要变成富翁，很多登上财富榜的成功人士都有著作可以教你。以下是我最喜欢的几本。

✔ M.J. 德马科（M.J. DeMarco）：《百万富翁快车道》（*The Millionaire Fastlane*）。

✔ 拿破仑·希尔（Napoleon Hill）：《思考致富》。

✔ T. 哈维·埃克（T. Harv Eker）：《百万富翁的思维密码》（*Secrets of the Millionaire Mind*）。

✔ 戴夫·拉姆齐（Dave Ramsey）：《金钱大改革》（*Total Money Makeover*）。

如果你想拥有一段美好的爱情？也有很多相关书籍，以下是我的推荐。

✔ 加里·D. 查普曼（Gary D. Chapman）：《爱的五种语言》（*The Five Love Languages*）。

✔ 乔·邓恩（Jo Dunn）：《灵魂伴侣体验》（*The SoulMate Experience*）。

✔ 约翰·戈特曼（John M. Gottman）和娜恩·西尔弗（Nan Silver）：《幸福的婚姻：男人与女人的长期相处之道》（*The Seven Principles For Making a Marriage Work*）。

无论是想改善人际关系、增强自信，还是想提高社交技巧、学会赚钱，你都可以走进附近的书店或网上书城找到相关的书籍。

对于那些认为自己买书既费钱又占空间的人，我推荐你们去图书馆看书，或者登录我最喜欢的电子书网站 www. paperbackswap.com。

如果你想了解我最喜爱的个人发展类的完整书单，包括对我的成功和幸福发挥重要影响的书籍，请登录 www.TMMBook. com，浏览"推荐书单"。

> **不愿意读书的人和不识字的人**
> **没有什么区别。**

养成每天阅读的习惯

我建议你每天至少读 10 页。如果你不喜欢读书或者读书速度慢，刚开始读 5 页也可以。不妨计算一下，每天读 10 页不会占用很多时间，但会对你产生重要的影响。

我一般每天只花 10 ~ 15 分钟读书，最多不会超过 30 分钟。如果用数量来衡量，每天读 10 页，一年下来就是 3 650 页。

如果把个人发展类或励志类图书按每本 200 页计算，3 650 页相当于 18 本书！如果接下来的 12 个月，你读完了 18 本个人发展类图书，想想你会有什么样的收获？你的知识量、能力和信心绝对会有质的飞跃！

如何读书?

每天开始读书前，先问问自己为什么要读这本书? 你想从中获得什么? 阅读过程中始终记住这两个问题。

你决心读完它吗? 更重要的是你打算将学到的知识运用到生活中吗? 尤其是本书最后"神奇的早起改变人生 30 天计划"?

许多"神奇的早起"的实践者都会利用阅读时间复习经文，如《圣经》《摩西五经》等。

我希望你在读本书时会随时画线、画圈、标亮、折页，并在书页空白处做笔记，这样能高效地汲取书本的知识，而且方便自己随时重读。我读书时经常不停地在书上做标记，还会在旁边注释这一段为什么很重要（当然，图书馆借来的书除外）。所以，我读过的书上总是写满了标记，不论任何时候重读，我都能以最快的速度找到重点。

我强烈建议你将优秀的个人发展类图书多读几遍。很少有人读一遍就能彻底地吸收一本书的精华。如果你想精通任何领域，就需要不断地重复，一遍又一遍地熟悉其中的观点、策略和技巧，直到它们融入你的潜意识。例如，如果你想成为一名空手道高手，不可能一次就学会。学到一招后，你必须反复地练习，再让老师指导一遍，

重复练习成百上千次后才可能完全掌握这个招式。

　　掌握改变人生的技巧也是如此。与其读一本完全陌生的新书，不如重读一本你认为对自己有用的书，可能帮助更大。无论什么时候，只要我认为一本书能够改变自己生活的某个方面，读完第一遍后，我马上就会重读，或者至少重读那些标记了重点的地方。事实上，我的书架上专门开辟了一块区域用来放置自己想要重读的书籍。比如《思考致富》，我至少会全部重读三遍，然后一年内多次翻阅。你需要具备一定的自律力，才能重读一本书。因为与读旧书相比，读新书总是更有趣，诱惑也更大。重复可能非常枯燥沉闷，所以很少有人能够"精通"某件事，但这正是我们应该培养自律性的原因。为什么不从这本书开始做起？一旦你读完这本书的最后一页，马上从头开始重读，以此加深自己的印象，争取深度掌握"神奇的早起"。

书写，从日记开始（Scribing）

　　"书写"是"S.A.V.E.R.S. 人生拯救计划"的最后一步，它是"写"（Writing）的另外一种说法。请允许我使用这个词，因为要

用它的首字母来拼写"拯救"（S.A.V.E.R.S.）。感谢《英语大百科》
为我提供的灵感。

日记，总能给你带来"惊喜"

我最喜欢的书写形式就是日记，一般在进行"神奇的早起"
时花 5 ~ 10 分钟写作，将自己的想法从头脑中提取出来，努力
升华自己的思想境界。进行"神奇的早起"时写作，你能记下自
己的洞见、观点、突破、领悟、成功、经验、机会、个人成长、
进步等。

虽然我早就知道写日记的好处，也尝试过几次，但一直都没
有坚持下来。我没有将它列入自己每日的例程。我总是在床头放
一个本子，晚上很晚回来后都以"太累"为借口放弃了。大部分
日记本都是空白，但书架上仍然放了许多日记本，因为我天真地
认为只要买一本价格昂贵的日记本，我就会自觉地写日记。理论
上似乎有道理，不是吗？不幸的是，多年来我买了一本比一本昂
贵的日记本，但上面都是空白。

上述的一切都发生在我发明"神奇的早起"之前。自从开始
执行"神奇的早起"，我便开始坚持每天写日记。很快它就变成
了我的习惯。坦白讲，写日记已经成为我生活中最享受、最充实
的一项活动。每天我不仅能够整理自己的想法，而且重读日记收
获更大。尤其是在年末时回顾自己一年的经历，感觉受益良多。

在我进行"神奇的早起"写日记的第一年年末，12月31日，我开始从头阅读自己的日记。一天又一天，我将整年的日记都梳理了一遍。浏览自己每一天的心态，总结了自己一年的成长。我重新检查了自己的行为和进步，对自己过去12个月取得的成就颇为自豪。最重要的是，我重温了自己一年内吸取的教训。

同时，我在两个层面体验到了一种更为深刻的感恩。我必须告诉你们自己第一次"回到未来"的时刻（是的，你完全可以将我想象成刚从1985年的跑车里走出来的马蒂·麦克弗莱）。阅读日记时，我在浏览过去一年中自己对遇到的人、做的事情、得到的教训和取得的成就所写下的感恩之语。重新体验自己在当时的感恩之情时，我对自己一年的成长又十分感恩。这是一种非凡、超现实的体验。

接下来，我开始获取重读日记的最高价值。我拿出一张白纸，从中画一条垂直线，左右两边分别写上"经验总结"和"新的承诺"两个标题。从几百页的日记中，我又重新归纳出十多条宝贵的经验。

总结经验之后，我在"新的承诺"一栏，制订了一份如何将经验运用到个人成长发展中的计划。

每天写日记的益处有太多，以下是我最喜欢的几条。

✔ **思维更加清晰：** 写作会迫使我们更深入地思考，可以让你的思维变得更清晰，激起头脑风暴，帮助你解决难题。

✔ 捕获灵感：写日记不仅能帮你拓展思维，还可以防止你遗忘重要的灵感。

✔ 回顾经验教训：写日记可以帮你回顾自己所学的知识。

✔ 检阅自己的进步：年终时重读自己一年的经历，感觉非常奇妙，你可以看到自己的进步。这是人生中最为励志、自豪、享受的体验之一。

"聚焦鸿沟" vs. "缩小鸿沟"

接下来，我将会着重探讨如何用"拯救人生计划"来缩小"潜力鸿沟"。人类总会有"聚焦鸿沟"的倾向，即我们倾向于紧盯着理想与现实之间的鸿沟；紧盯理想的自己与现实的自己之间的差距；紧盯鸿鹄之志与碌碌无为的区别。

> **无论你写什么，每一个字都是一种疗愈，
> 而这种疗愈不需要花钱。**

问题在于，持续关注这些鸿沟只会打击我们的自信心，让我们变得自卑，认为自己不够优秀，或者至少没有达到自己的期望。

高成就人士的这种思维最为严重，他们总是用最严苛的眼光看待自己，过分轻视自己取得的成就，总是拿过去的错误反复打

击自己，认为自己做得不够好。

但"聚焦鸿沟"也是高成就人士取得高成就的重要原因之一。因为他们强烈地渴望缩小鸿沟，所以他们要求自己不断地追求卓越、取得成就。"聚焦鸿沟"可以是健康积极的想法，前提是它以一种前瞻性的形式出现。你的心态应该是"我迫不及待地想要挖掘自身更多的潜能"，而不是自怨自艾。不幸的是，很多人，包括高成就者，都不会这么想，大多数人总是用消极的眼光看待自己的潜能鸿沟。

那些在人生各方面都取得 10 级成功的高成就人士，总是十分感恩自己拥有的一切，他们会定期回顾自己所取得的成就，平静地看待自己的生活。他们的心态通常是：过去我已经做到了最好，以后我还能做得更好。对自己进行客观的自我评估，这使他们不会轻易地产生失落感，不会认为自己没有成为最理想的自己，或者做得不够好。同时，这种想法还促使他们继续前进，在每个领域缩小自己的"潜能鸿沟"。

通常，每天、每周、每月或每年结束时，我们都会习惯性地"聚焦鸿沟"。我们很难客观、准确地评价自己取得的进步。例如，如果你一天计划要完成 10 件事，哪怕完成了其中 6 件，你也会因为"聚焦鸿沟"而认为自己浪费了一整天。

大多数人每天都会做几十件乃至几百件事情，很少会出错。那么你猜一天结束后，人们在脑海中念念不忘的是哪件事？最好是 100 件做对的事情？毕竟这会让我们更有成就感。

这跟写日记有什么关系？每天写日记可以让你集中精力注意自己取得成功的地方和应该感恩的事情，以及你发誓明天会做得更出色的事情。你每天都将学会接纳自己的经历，为自己取得的进步感到自豪，更理智地庆祝自己的成就。

高效写日记

下面三个简单步骤，可以让你马上开始养成或修正写日记的习惯。

1. **选择电子版或纸质版**。首先你要选择是用纸质还是用电子设备记录日记。纸质版和电子版各有优缺点，究竟采取哪种形式取决于你的偏好。

2. **买一个日记本**。假设你选择了纸质日记。虽然任何本子都能写日记，但那本日记可能要陪伴你的余生，所以最好选择漂亮又耐用的本子。本上不仅要有格子，还要有日期，页数足够你写 365 篇日记。我发现如果本子上预先写好了日期，自己更容易坚持写下去，因为我不能忍受跳过任何一页。所以哪怕漏了一两天，我也会忍不住回忆当天的经历，然后补上。为每本日记标上年份也很不错，这样你就可以随时回到自己生命中的任何一天，体验"我第一次重读日记"中提到的种种好处。我最喜欢的日记本是《胜利者日记》（详情访问 www.TheWinnersJournal.com ）。

2007～2009年我都是用这款日记本。事实上，正是受到它的启发，我才设计开发了"神奇的早起日记"。现在亚马逊上售有这种日记本，你也可以访问 www.TMMBook.com，下载"神奇的早起日记"的免费样张。

如果你更喜欢电子版日记，选择也非常多。我最喜欢使用的日记 App 是"五分钟日记"（Five-Minute Journal），访问 www.FiveMinuteJournal.com 即可下载。它的人气非常高。使用时它会给你一些提示，比如"我今天最感恩的事情是……""今天最棒的事情是……"一般用它记日记只需要 5 分钟左右，同时它还有"夜晚"模式选项，允许你回顾白天的经历，甚至上传相片保留视觉记忆。

再重复一遍，选择哪种形式的日记完全取决于你的偏好。用谷歌搜索"在线日记"或在 App 商店里搜"日记"，你会有很多选择。

3.**决定写什么**。生活中有很多事情可以记录，所以人们的日记内容也五花八门，有感恩日记、梦想日记、食物日记、健身日记等。你可以写的题材也有很多，比如你的目标、梦想、计划、家庭、承诺、学习经验等生活中一切你认为需要关注的事情。

我的日记主题非常广泛，有时非常具体有序，比如我今天感恩什么，获得什么的成就，想要在哪些方面取得进步，要采取怎样的行动；有时则随意地记录一天的流水账。我认为以上两种形式的日记都很有帮助，可以交替进行。

《今日美国》的调查数据显示，82% 的美国人都想过要写一本书。你知道他们写书面临的最大阻碍是什么吗？是"没时间"。如果你也想写书，可以利用"神奇的早起"。事实上，我写这段文字时是早晨 6 : 03。

我相信每个人心底都有一本展示自己独特观点的书，可以让世界变得更美好。事实上，最近我开始培训一些私人客户，教他们如何写一本不仅畅销，还能掀起一场运动的书。倾听别人的故事，阅读他人充满激情的文字，总能让我乐在其中。

你将在第 7 章学习如何对"神奇的早起"进行个性化修改，以完全适应你的生活方式。我想与你分享如何为自己量身定制"人生拯救计划"。你现在的早晨例程可能只为"神奇的早起"留 20 ~ 30 分钟的时间，或许周末更长。

以下案例是根据"S.A.V.E.R.S. 人生拯救计划"制订的最常见的 60 分钟"神奇的早起"例程。

60 分钟"神奇的早起"例程案例

✔ 静心（5 分钟）

✔ 自我肯定（5 分钟）

✔ 具象化（5 分钟）

✔ 锻炼（20 分钟）

早起的奇迹

✔ 读书（20 分钟）

✔ 书写（5 分钟）

　　"人生拯救计划"的例程可以根据你的个人喜好进行调整。有的人喜欢先进行锻炼，促进身体的血液循环让自己完全清醒过来。不过，或许将锻炼放到最后会更好，否则接下来的 40 分钟你都浑身是汗。我更喜欢先进行平和的"静心"，让自己的思维慢慢觉醒，清除大脑垃圾，集中精神，将身体锻炼放到最后，这样做完所有的例程之后就可以直接沐浴了，准备开启全新的一天。不过，你的"神奇的早起"由你做主，你可以随意切换任何顺序，只要适合自己就行。

　　万事开头难。所有新的体验开始时都会让人感觉不舒服。只要多次进行"人生拯救计划"，你就会慢慢适应。别忘了，我第一次进行冥想时差点就放弃了，因为我的思绪根本就停不下来，但现在我已经深深地爱上了冥想。虽然称不上什么冥想大师，但至少已经相当熟练。与之类似，当我第一次做瑜伽时，感觉自己就像一条被抛弃在沙漠里的鱼，因为身体很僵硬，根本无法完成那些动作。总之，那种无法适应的感觉让我非常不舒服。现在瑜伽已经成为我最喜欢的锻炼项目之一，我很高兴自己坚持下来了。

　　我真诚地邀请你现在就开始执行"人生拯救计划"，这样就能尽快地熟悉它们。如果你担心自己"没有时间"，没关系，我

106

会帮你。下一章，你将学到完整的"神奇的早起"流程。每天只
需 6 分钟，你就能汲取"人生拯救计划"的全部精华。

第 6 章

你和理想的自己只差 6 分钟

　　什么？你跟我说你很忙？真是巧了，我还以为只有我自己是这样。

　　大家对于"神奇的早起"计划问得最多的问题就是："它每次到底需要进行多长时间？"这让我意识到，人们能否取得成功往往受制于个人的发展水平，而其中最大的难题就是要怎么样才能"找出时间"。

　　多年来，我一直在宣传和分享"神奇的早起"计划。我尽最大努力完善它，是想让世界上哪怕最忙碌的人也能加入其中。于是，针对那些异常忙碌，甚至没有时间吃早饭的人，以及压力过大添加任何一个项目都可能被压垮的人，我开发了"6分钟神奇的早起"。

　　我认为所有人都会同意这个观点：无论多忙，你都能抽出6分钟的时间投入到个人发展中，成为更好的自己，获得自己渴望的成功和幸福。请继续往下阅读，了解到这 6 分钟的威力后，你一定会欣喜若狂！

想象一下，你每天醒来后的前 6 分钟是这样度过的……

第一分钟：心静 or 冥想 or 感恩

想象一下，早晨你在平静中醒来，打着哈欠，伸了个懒腰，脸上带着微笑。当你开始忙碌的一天前，用 1 分钟的时间让自己心静。你可以祈祷自己将要开始的旅程一切顺利，或者你可以开始冥想，将注意力集中到自己的呼吸上。清空大脑、放松身体，让所有压力都随风而逝。

第二分钟：大声朗诵自我肯定宣言

大声朗诵每日的自我肯定宣言，告诉自己拥有无限的潜能。然后，思考今天的当务之急是什么。一旦你将注意力聚焦在最重要的事情上，你的内在动机将会大幅增强。大声喊出你真正具备的能力，这会让你更加自信；重温自己的决心、意志和目标，能让你再次充满活力。马上开始行动，为获得自己真正想要的人生奋斗不息。

第三分钟：尽情地想象未来

闭上眼睛或看着愿景板，进行具象化训练。具象化包括你实

现目标时的感觉。想象今天自己一切顺利，享受工作，和家人或其他重要人士一起谈笑风生，轻松完成一天的任务。你似乎看到了这种场景，感觉到它的存在，体验到其中的快乐……

第四分钟：写下让自己感激的事情

用 1 分钟写下让你感恩的事物、自豪骄傲的事物，以及你承诺当天要做到的事情。如此一来，你就能为自己塑造一个充满力量、斗志昂扬、自信高涨的心态。

第五分钟：静静地读一页书

拿起一本励志书，用 1 分钟的时间读一到两页。如果从书中学到一个新观点，你可以将它运用到生活中，提升你的工作表现，或者改善人际关系。当你发现一些新事物时，它能让你的思维变得更敏捷，精神更振奋，甚至让生活变得更加多姿多彩……

第六分钟：动起来

站起来，最后 1 分钟用来锻炼身体。你可以跑步、跳绳，做俯卧撑或者仰卧起坐。重点是要提高你的心率，激发身体机能，并保持专注。

如果每天前 6 分钟都这样开始，你感觉怎么样？你不认为自己的生活质量会有所提高吗？

　　我并不建议你将每天的"神奇的早起"计划都限制为 6 分钟，正如我所言，当你非常忙碌，以至于都没有时间吃早饭时，"6 分钟神奇的早起"确实能帮你实现个人发展。

第 **7** 章

制订个性化早起方案

此前，我们着重探讨了"S.A.V.E.R.S. 人生拯救计划"如何在"神奇的早起"计划中帮助你实现个人发展。但早起完全因人而异，从你醒来到进行整个活动以及安排各种活动的顺序，都没有任何严格的规定。你完全可以根据自己的生活方式重新安排这些活动，以最快的速度帮你实现最重要的目标。

接下来，我将全面探讨更具个性化的"神奇的早起"，包括什么时间吃早饭、早饭吃什么、如何让"神奇的早起"聚焦于你的主要目标与梦想、周末做什么以及如何克服拖延症等。

"早起"不一定要在早晨

虽然这些话听起来有些违反常识，但请认真听："神奇的早起"并不一定非要在早晨进行。当然，早起为新的一天做好充分准备确实有很多好处，但对于某些人来说，他们因为特殊的生活习惯或工作要求根本没办法早起。

显然，有人上白班，就有人值夜班，二者作息时间差别很大。因为不同的人有不同的时间安排，所以"神奇的早起"也可以作出相应的改变，只要比你正常的起床时间早 30 ~ 60 分钟即可。这样你每天就能有时间进行个人发展项目，从而改变自己的人生。

营养早餐：什么时候吃，吃什么？

你可能思考过这个问题：进行"神奇的早起"时我应该在什么时间吃早饭？接下来，我将回答这个问题，同时探讨你应该选择什么食物以及你为什么要吃那些食物。

什么时候吃食物最合适

请记住，消化食物是身体每天最消耗能量的活动之一。每餐吃得越多，你就越容易感觉疲惫，所以我建议你进行"神奇的早起"计划之后再吃食物。这样就能保证你在进行"S.A.V.E.R.S. 人生拯救计划"时，血液都流向你的大脑而不是胃部。

如果你认为自己必须在起床时先吃点什么，请确保不要摄入过多的食物，可以稍微吃点水果或喝点果汁。

你的食用标准是什么

我们来讨论一下你为什么选择吃某些食物。在超市购物或者

117

在餐馆点餐时，你选择食物的标准是什么？是根据它的味道、成分和便利性，还是以健康、能量和饮食禁忌为基准来选择？

大多数人选择食物的标准是它的味道，或者由味道唤醒的情绪体验。如果你问某人："你为什么吃冰激凌？为什么喝饮料？"或："你为什么买炸鸡？"最可能听到的答案是："嗯，因为我喜欢吃冰激凌！我喜欢喝饮料！我喜欢炸鸡！"所有的答案都是基于食物的味道所带来的情绪体验。选择以上食物的人并没有从健康或能量的角度考虑。

如果我们想要获取更多的能量，保持身体健康，就应该重新审视自己对食物的选择。我们应该开始从健康和能量的角度衡量食物的价值，而不只是被它的味道所吸引。

我的意思并不是为了健康和能量完全可以不顾食物的味道，很多时候，二者是可以共存的。我们应该想办法让食物维持自己的精力，这样才能发挥超常，享受长寿健康的人生。我们必须选择那些对身体有好处，且能给自己带来更多能量，味道也不错的食物。

选择吃什么

探讨吃什么食物之前，我们不妨先讨论一下早起时喝什么。记住"防贪睡五步策略"的第四步就是喝水，激活身体机能，为身体重新补充水分。开始进行"神奇的早起"时，我通常喝一杯防弹咖啡①。事实上，为了让冲咖啡不占用"神奇的早起"的时间，我又比平常早起了 15 分钟。

至于具体吃些什么食物，营养学界有一个共识：一顿饭包含的"生鲜食物"（水果和蔬菜）越多，就越能为你提供更多的能量，让你的头脑变得更加专注。因此我专门设计了"神奇的早起超级食物营养汁"。是的，一杯营养汁就能提供你身体需要的一切营养——完善的蛋白质（包含所有必需氨基酸）、抗氧化物（抗老化）、所有的必需脂肪酸（增强免疫力、促进心血管健康、增强脑力）以及丰富的维生素和矿物质。除此之外，还有各种"超级食物"，比如能够调节情绪的可可豆，含有丰富能量的玛卡，以及能够增强免疫力、控制食欲的野鼠尾草籽。

"神奇的早起超级食物营养汁"不仅能为你提供持久的能量，而且味道很不错。如果你想了解更多，请登录 www.TMMBook.com 下载完整的食谱。

记住：你选择什么样的食物，你的身体就会是什么样。照顾好自己的身体，身体就会好好地回报你。只有吃得健康，你才能变得精力充沛、头脑敏捷！

设计你的自我肯定宣言

大多数"神奇的早起"计划的实践者和高成就人士，都会将

①防弹咖啡（Bulletproof Coffee），咖啡加黄油。——译者注

每天的例程对准自己近期的目标和长期的梦想。这个非常重要，尤其是那些他们一直推迟或没时间做的事情，比如开拓新事业或写一本书。"S.A.V.E.R.S. 人生拯救计划"主要是想提高你对自己目标的专注度，帮你加快速度朝着梦想前进。

例如，你在设计自我肯定宣言时，确保它能瞄准自己的目标和梦想，而且能够清晰地陈述你的所思所想，这样你就能坚定自己的决心。每天朗诵自我肯定宣言，能让你高度专注自己的至高使命及所需的行动。

伴着梦想入睡，带着目标醒来。

早晨进行内心演练时，想象自己享受实现目标的过程（就像我很享受写书的过程一样），仔细设想自己取得成功的画面。在头脑中进行具象化过程，你可以调动包括视觉、味觉、触觉、嗅觉在内的所有感官。你的想象越是生动，内心演练过程就越能够高效地增强欲望和动机，促使你每天采取必要的行动朝目标前进。

把最具前瞻性的事项安排在早晨

克服拖延症，提高生产力，并且实现最大化的有效策略之一就是，每天首先做最重要或最困难的事情。

传奇激励大师博恩·崔西（Brian Tracy）在畅销书《吃掉那

只青蛙》（*Eat That Frog*）中告诉我们："上午完成最困难的事情会让我们精神十足，大大提升我们的人生高度。"他的理论是每天首先解决最困难的事情最容易获得成就感，最能带动整天的氛围，进而让你对工作充满信心，保持高效工作的劲头。

"神奇的早起"的目标主要是让你"带着目标"醒来，将早起的好处运用到个人发展。在早晨，你具体进行什么活动并不重要，只要你所做的事情具有前瞻性，能够帮助你提升自我、改变人生即可。

在这个简短的章节中，我将教你一些方法和策略，帮助你量身定制适应自己生活方式的"神奇的早起"，提高你的人生价值，实现你最重要的目标。同时，我还会找一些真实的个人例子，包括企业家、家庭主妇、高中生和大学生等，看看他们是如何为自己设计"神奇的早起"的。

周末要早起吗？

奥普拉说："周六进行早起让我能够更放松地完成工作。工作日总是给我时间压力，但周末没有。如果我比所有人都起得更早，我就能轻松地做好一天的计划，至少计划好自己的活动。"

我非常赞同奥普拉的观点。刚开始进行"神奇的早起"时，我并没有把周末算进去。但不久之后，我就发现，凡是进行"神奇的早起"的日子，自己都感觉更好、更充实、更有激情；凡是

睡懒觉的日子，我都会感觉精神萎靡、注意力涣散、生产力低下。

你可以亲自试验一下。先尝试只在工作日早起，周末睡懒觉，体验一下自己在周六周日的状态如何。如果你和大多数人一样，感觉每天进行"神奇的早起"更舒服，那么你或许就会发现，其实周末进行"神奇的早起"最让人享受。

周期性调整早起计划

多年来，我一直在改进"神奇的早起"计划，而且始终坚持执行"S.A.V.E.R.S. 人生拯救计划"，因为没有任何理由停止享受这六个步骤带来的好处。同时，我认为"神奇的早起"也应该具备新意和多样性，就像一段恋情，只有不断地添加新鲜元素，你才不会感觉无聊。

例如，你可以每隔 90 天改变一次自己的早起例程，甚至每个月都进行翻新；你可以尝试不同的冥想，或者上网下载不同的冥想 App；你可以定期更新愿景板；或者你可以时常更新自我肯定宣言，刺激自己的感知，同时匹配不断演变的愿景，认清自己可以成为的人和想要成为的人。

我时常根据自己的日程表及工作项目的变动，寻找时间调整自己的"神奇的早起"计划。如果我正在为一场即将到来的演讲或研讨会做准备，我就会在早晨花更多的时间训练自己；如果我要在不同的学校或企业进行演讲，处于奔波途中，哪怕住在酒店，我也会对"神奇的早起"进行调整。

最近调整早起例程的例子就发生在过去几个月。当时我进行"神奇的早起"的主要任务是写一本书，同时还在制作"人生拯救计划"，为了将更多的时间投入到写作当中，我缩短了"人生拯救计划"时间。

从上述例子可以看出，我们完全能够自由地设计自己的"神奇的早起"计划，只要适应自己的生活方式。

人类热爱变化。所以，你应该注意保持自己对早起例程的新鲜感。就如同第一批人生导师曾告诉我的那样："无论何时，当你开始抱怨自己的销售工作变得无聊时，请想一想，工作无聊到底是谁的错？谁有责任把它变得有趣？"这番话让我毕生难忘。无论是工作，还是人际关系，我们都有责任主动、持续地将它塑造成自己希望的样子。

记住，当你开始对自己负责时，你就能够获得改变整个人生的力量。

第 8 章

30 天早起习惯巩固法

中国有一句谚语：习惯决定性格，性格决定命运。如果一个人很成功，说明他在某些方面养成了非常优秀的习惯，并能够创造并维持自己的成功；反之，如果一个人不成功，很可能是他们没有培养相应的习惯以获得自己想要的成果。

既然习惯创造人生，那么培养优秀的习惯就是提高人生质量的最重要的"技巧"之一。你必须学会甄别、培养并维持优秀的习惯，以获得自己想要的事物，同时还要学会放弃那些妨碍你发挥潜能、取得成就的恶劣习惯。

习惯，即规律性地重复并出现潜意识行为的集合。无论你是否意识到习惯塑造了你的过去，你的未来也将继续由习惯创造。如果你不能控制自己的习惯，它就会反过来控制你。

不幸的是，大多数人终其一生都不知道如何培养并掌控优秀的习惯，学校里也从未开设过有关"掌控习惯"的课程。这明显不合理，掌控习惯有助于你获得成功和提高人生质量。因为从来没有学习过相关的知识与技巧，大多数人试图掌控自己的习惯时不可避免地遭遇了失败。下面就拿"新年计划"举例。

每年年末，全世界追求上进的人都会为自己制订新年计划，但只有不到 5% 的人坚持到了最后。制订新年计划是一个你应该养成的优秀习惯，就像锻炼身体和早起。但它同时也是一个你应该"摆脱"的拙劣习惯，就像抽烟或吃快餐。不用调查我们也知道，大多数人随着新年的展开都会选择自动放弃之前的计划，甚至一月份还未结束就"举手投降"了。

现实中这种情况经常发生。如果你在一月份的第一周去健身房，会发现很难找到停车位。因为积极上进的人都会带着减肥的决心来到健身房。但如果你在月末再去时，就会注意到几乎有半数的停车位都空着。由于没有制订坚持新习惯的有效策略，大多数人仍然难逃失败的命运。

为什么培养并维持一个既能让我们健康快乐又能获得成功的新习惯如此艰难？

因为在某种程度上，我们都对自己的旧习惯上瘾。无论是心理上还是生理上，一旦形成某种习惯，我们就很难改变它。这主要是你没有找到改变习惯的有效策略。

大多数人无法培养并维持新习惯的主要原因还有，他们不知道自己应该期待什么，或者缺少摆脱恶劣习惯的策略。

21 天只能养成习惯，但无法巩固

对于形成新习惯到底需要多少时间有各种不同的说法。有人认为进行一次催眠疗程即可，有人认为需要 21 天，有人宣称经历一个月才能养成一个新习惯或摆脱一个坏习惯，还有人认为培养一个新习惯的时间长短取决于该习惯的难易程度。

大受欢迎的 21 天理论，源自 20 世纪 60 年代的整容医生马克斯韦尔·莫尔茨（Maxwell Maltz）的畅销书《精神控制论：让人生更加丰富的新方法》（*Psycho-Cybernetics：A New Way To Get More Living Out of Life*），他发现截肢患者平均需要 21 天才能习惯失去部分肢体的生活。

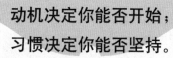

动机决定你能否开始；习惯决定你能否坚持。

根据个人经验，以及对成百上千名客户的观察，我发现：如果策略得当，你可以在 30 天内养成任何习惯。问题在于大多数人完全不知道该采取什么策略，更别说鉴别策略是否合适了。因此，他们渐渐对自己失去了信心，以至于再也不想作任何改变。

你要如何做才能成为习惯的主人？如何养成积极的习惯，同时摆脱消极习惯，以完全掌控自己的人生？接下来，你将学到大多数人从未听过的正确策略。

三阶段"习惯固化"策略

如果不制订正确的策略，你就很难养成并维持积极的习惯。因为大多数人都不知道习惯改变以后会发生什么，而且没有做好应对心理障碍和情绪挑战的准备。通常来说，后者是大多数人培养新习惯时必然会遇到的挫折。

我们将养成新习惯或摆脱旧习惯的 30 天训练时间，划分为 3 个阶段，每个阶段 10 天。在每个阶段，我们将逐个克服养成新习惯过程中遇到的情绪挑战或心理障碍。很显然，大多数人在面临这些挑战和障碍时很容易放弃，因为他们不知道该如何克服。

阶段一（第 1 ~ 10 天）：难以承受

培养新习惯或摆脱旧习惯的前 10 天，你会感觉难以承受。尽管前几天很顺利，甚至令人兴奋，毕竟这是一次全新的体验。然而一旦新鲜感过去后，你就必须面对残酷的现实。你会讨厌新习惯，感觉痛苦，因为它变得不再有趣，你的身体会抗拒改变，理智让你"举旗投降"。你会想：我讨厌它，我不喜欢这种感觉。

如果你想要养成"早起"的习惯，那么前 10 天当闹钟响起时，你的想法大概是："天呐，这么快就天亮了！我不想起来，实在是太累了。我要多睡一会儿。好吧，再睡 10 分钟。"

大多数人的问题是：他们没有意识到前 10 天让人难以承受的状况只会暂时存在。他们天真地以为新习惯会永远让自己痛苦。

于是他们自我安慰：既然新习惯如此痛苦，就忘掉它吧，它不值得我为此付出这么多。

因此，社会上95%的人总是一次次地失败，无论是戒烟、减肥、存钱，还是锻炼身体，或者养成任何能够提升生活品质的习惯。他们总是做不到善始善终。

如果你在前10天做好了准备，了解成功必须付出的代价，知道困难只是暂时的，那你就可以打破魔咒，取得成功！这是你超越大多数人的绝佳机会。只要结果足够诱人，我们可以在前10天付出一切，不是吗？

所以，培养新习惯的前10天跟野餐不一样。你会抗拒甚至憎恨它，但是你必须征服它，因为10天后一切将变得顺利起来，而且你能获得创造高品质人生的能力。

阶段二（第11～20天）：不舒服

经过前10天的考验，最困难的阶段已经过去了。第二个为期10天的阶段比第一阶段容易很多。你开始逐渐适应新习惯，同时建立了自信，期待新习惯带来的好处。

尽管第11～20天不再让你感到难以承受，但仍然会感觉不舒服。你需要自律并恪守承诺"挨"过难关，因为第二阶段你仍然面临旧习惯的诱惑。假设你想培养"早起"，那么在这个阶段你仍然可能想睡懒觉。既然你已经从"难以承受"的阶段走到了"不舒服"的阶段，那就保持自律。接下来，你马上就要实现质的飞跃，完全适应新习惯。

阶段三（第 21 ~ 30 天）：趁热打铁

终于，我们来到了最后 10 天的冲刺阶段。能到达这个阶段的人为数不多，但几乎所有人都会犯一个致命的错误：相信培养新习惯只需 21 天的论断。这个论断只说对了一部分。形成一个新习惯确实需要 21 天，即前两个阶段。但是同样为期 10 天的第三阶段决定你能否将新习惯变成为自己的终身习惯。前 20 天，新习惯让你感觉各种不适与痛苦，现在你不再憎恨、抵抗新习惯了，开始为自己驯服它而感到骄傲了。

第三阶段也是真正发生质变的阶段。新习惯已经融入你的行为举止中，从"尝试"变成了"品质"。回到早起的案例，你已经从"我不习惯早起"变成了"我是早起的鸟儿"。你不再恐惧早晨的闹钟，它已经变成了让你兴奋的号角，因为你已经连续 20 天坚持早起了。你将开始真正体会到早起的好处。

很多人过于自信，刚刚度过第二阶段，认为自己已经连续 20 天都做到了自律，就可以偷懒几天了。问题是，前 20 天只是培养新习惯最困难的时期，这个时候如果选择停顿，而不是趁热打铁，那么你之前的努力就都白费了。第 21 ~ 30 天是你享受并巩固新习惯的黄金时期。

打破舒适区，从"我不能"到"试试看"

"我不擅长跑步，乔恩。事实上，我讨厌跑步，我绝对不会跑步。"我对乔恩说。

"别这样，哈尔，这都是为了给'前排基金'（Front Row Foundation）募集资金，"乔恩·伯格霍夫说，"以前我也以为自己不能冥想，但现在我做得很好。其实只要你坚定信念，总能找到办法。跑步能够真正改变你的人生！"

"我考虑一下。"

我对乔恩说"考虑一下"，其实是想尽快摆脱他。请不要误会，我一直坚信"前排基金"的伟大事业，而且已经连续多年进行了捐款，但写支票比跑马拉松要容易得多。除非有人在后面追我，否则我一米都不会跑。高中毕业10年来，我从未跑过一条街的距离，而高中之前跑步纯粹只是为了不挂科。

另外，自从20岁因为车祸而折断了大腿骨和盆骨后，我就很害怕任何与运动有关的活动——我害怕那些运动会给自己的腿再次造成负担。事实上，每次滑冰时，我脑海里总是抑制不住地出现自己被绊倒，而后被地上的钢筋戳穿大腿的恐怖画面。当初，医生告知我可能会一辈子卧床不起，给我留下了深深的心理阴影。

跟乔恩的对话过去一周之后，我的一名培训客户卡蒂·芬格赫特（Katie Fingerhut）跑完了人生第二次马拉松："哈尔，那种感觉太神奇了，我感觉自己现在无所不能！"

通过乔恩和卡蒂的热情推荐，我认为或许自己应该打破"我不擅长跑步"的自我限制。于是，我开始尝试跑步，就像世界上其他的事情一样，如果别人能做到，我也一定能做到。

这世界上的很多事情，
如果别人能做到，你也一定能做到。

第二天早晨，志在挑战全程马拉松的我开始了跑步。我穿上跑步鞋离开了家门。这时，我实际上已经开始憧憬了！（培养新习惯的前几天，你通常都会很兴奋。）

我兴冲冲地跑到大街上，沿着人行道开始跑步。但没过多久，我就被绊了一下，扭到脚踝，因为剧痛我在人行道上满地打滚。于是我告诉自己：一切事情的发生都是有原因的，或许今天不适合出门跑步，我还是明天再尝试吧。

第二天，我再次尝试进行马拉松训练，跑了几百米后，兴奋劲就降下来了，身体开始感觉不适——屁股很痛、大腿僵硬。我的脑海中马上就出现了"我不擅长跑步"的想法。可是，转念一想，既然我已经下定决心要跑完全程，就必须坚持到底。

虽然跑完 1 公里让我很痛苦，但总算是坚持下来了。这让我意识到自己需要一些辅助教材和一个跑步计划。于是我开车

到书店买了一本绝佳的指导教材——戴维·惠特西特（David Whitsett）的著作《马拉松新手训练手册》（*The Non-Runner's Marathon Trainer*）。

在这本书的指导下，我在30天内转变了跑步的态度。

第 1 ~ 10 天

前10天进行跑步训练时，我在生理上和心理上都面临挑战。每一天我都要跟头脑中放弃跑步的想法作斗争。

"做正确而不是容易的事。"我不断地提醒自己。我决定咬牙坚持。

第 11 ~ 20 天

这一阶段，跑步时的痛苦减小了很多。我仍然不喜欢跑步，但已经不再抗拒这项运动了。人生中第一次养成了每天跑步的习惯。以前每当开车看到人们跑步时，我都认为那是一项非常可怕的运动，但现在我改变了看法。坚持两周后，我基本已经养成了早起后出门跑步的习惯。

第 21 ~ 30 天

我几乎可以用"享受"来形容自己在这一阶段跑步时的感受。我甚至已经忘记了自己曾经多么讨厌跑步。我已经不需要刻意保持这个习惯了。每天早晨醒来，我很自然地穿上跑步鞋出门晨跑，同时记录自己的跑步里程。激烈的心理斗争已成为历史，跑步时我要么背诵自我肯定宣言，要么听励志电子书。短短30天内，我突破了自己"不擅长跑步"的心理限制。我成为自己可以成为的人，爱上了跑步。

建立新习惯，从"我可以"到"超喜欢"

养成跑步习惯 1 个月后，我跑完了人生第一个马拉松。刚跑完前 9 公里，我就迫不及待地给乔恩打电话。他听到这个消息非常高兴。一直以来，乔恩总是想办法帮我超越自我，他很了解我，知道我处于情绪高涨时几乎愿意接受任何挑战。"哈尔，你为什么不尝试跑完超级马拉松？如果你能跑 41 公里，那么或许 84 公里也不是问题。"这完全是乔恩的逻辑。

"好吧，我考虑一下。"

这次我确实在认真"考虑一下"他的建议。事实上我也想知道自己能否一口气跑完 84 公里。或许乔恩说得没错，既然我打算跑 41 公里，那么 84 公里应该也不是问题。既然我只用了 4 周时间就完成了从零基础到跑完 9 公里的转变，而且"前排基金"举办的年度慈善马拉松大赛 6 个月以后才正式开始，那我为什么不能提高自己的目标？说做就做，我甚至说服了一位朋友和两位勇敢的客户一起参加挑战。

6 个月后，我的总跑步里程数达到了 764 公里，其中包括 3 次里程为 32 公里的马拉松。我甚至跑到美国的另外一端跟两名关系亲密的客户詹姆斯·希尔（James Hill）和法比安·巴伦

西亚（Favian Valencia），以及老友艾丽西亚·安德雷尔（Alicia Anderer）见面。我们四人约定一起挑战大西洋城全长 84 公里的马拉松比赛，乔恩还坐飞机过来支持我们。遗憾的是，大西洋城并没有做好迎接超级马拉松选手的准备，所以我们需要自己临时准备。

凌晨 3：30，我们四人在大西洋城海滨木板道集合，目标是在马拉松正式开始前先跑完 41 公里，再跟其他马拉松选手一起完成剩下的路程。我仍然记得当时空气里流淌的超现实氛围，既激动、亢奋，又恐惧、怀疑的气氛。我们真的能做到吗？

10 月的凌晨天气寒冷，天上透着朦胧的月光，道路比较明亮，我们吐着白气踏上了征程，一步一步艰难地前进着。我们都知道取得成功的关键就是保持前进。只要我们一直保持前进，就一定能到达终点。9：35，我们终于跑完了前 41 公里。这个时刻对我们所有人都意义重大。不是因为我们跑完了 41 公里，而是因为我们还要坚定地继续跑完剩下的 43 公里。

现在我们已经没有 6 个小时前的兴奋劲儿了。我们的身体承受着剧痛，并且极度疲劳。考虑到自己的身体和精神状况，我们甚至不知道能否顺利跑完剩下的路程，但最后我们真的做到了。这也完全出乎我们的意料。

距离迈出第一步整整过去了 15.5 小时，我们四个人全部跑完了 84 公里的超级马拉松。我们一步一步地奔跑、行走、跛行，甚至爬着向前，最终通过了终点。

终点线的另外一边是永远无法从你生命中剥夺的自由。我们逼迫自己突破极限的那一刻，自由便扎根到了体内。尽管进行训练时，我们只是在理论上认为跑完 84 公里是可行的目标，但并不认为自己能够做到。每个人的心中都有恐惧与怀疑，但是穿越终点线的那一刻，我们就永远地告别了恐惧与自我怀疑。

那一刻我深深地感受到，这种自由并不只是属于少数的幸运者，它属于所有愿意挑战自我、努力奋斗、不断前进的勇者。这才是真正意义上的自由。

我将在下一章帮你挑战自我极限，以最快的速度获得你人生中想要的一切。每天都有成千上万的人实践并享受"神奇的早起"，它足以改变你的人生。所以请从现在开始坚持 30 天吧，这样你就能将早起变成自己终身的习惯。

30 天后，你将成为自己需要成为的人，创造人生中自己想要的一切。世界上还有比这更令人兴奋的事吗？

第 9 章

要不要低配版的人生，这取决于你

　　我们先来听听质疑者的声音："'神奇的早起'真的能在 30 天内改变人生？别开玩笑了！世界上哪有方法可以快速地改变人生！"好吧，请你回忆一下我是如何走出低谷的。"神奇的早起"改变了成千上万的普通人，让他们拥有了非凡人生。

　　上一章你学到了如何简单、高效地在 30 天内培养并巩固一个优秀的习惯。在本章中，你将学到哪些习惯能最大限度地影响自己的人生、成功、能力与梦想。你将再用 30 天培养一些能改变你的人生方向的习惯。通过改变人生方向，你不仅可以提高生活品质，还能提高健康水平，获得更多财富，改善人际关系。

　　培养并巩固早起习惯后，你将为自己人生的每个领域都打下坚实的基础。实践"神奇的早起"计划，你每天都将变得非常自律（能够恪守自己的承诺），目标清晰（专注最重要的事务），注重个人发展（这个单一因素对获得成功最为重要）。30 天后，你将转变成自己想要的模样，在个人、职业和财务领域获得自己渴望的成功。

当你将"神奇的早起"从一个令人兴奋的概念变成终身习惯后，它就能帮你实现个人发展，创造自己真正渴望的人生。在这个过程中，你将充分挖掘自己的潜力，获得想要的成果。

除了要培养利于取得成功的习惯外，你还需要培养成功者的心态，这样才能从内外同时提升人生。通过每天实践"S.A.V.E.R.S. 人生拯救计划"，进行冥想、自我肯定、内心演练、锻炼、阅读和书写，你将在生理、思维和情感上体会到这项计划的好处，而且马上就能感觉到压力变小、注意力更加集中、生活更加快乐了；你将带着充沛的精力、明晰的头脑和强大的动力朝着自己的目标和梦想前进。

记住，只有成为自己想要成为的人，你才能开始改变自己的人生。这就是 30 天后你的人生，全新的开始、全新的你。

别人能做到，你为什么不能?

如果你很犹豫或者怀疑自己能否坚持 30 天，请记住，这种反应很正常，尤其是在你从来没有早起过的情况下。我们患有"后视镜综合征"的事实让你感觉犹豫和紧张，但这正是你已经决心投入的信号，是一件值得高兴的事。

你可以从成千上万的先行者身上汲取力量和勇气。他们通过

实践"神奇的早起"计划，越过潜能的鸿沟，彻底改变了自己的人生。这里，我将回顾你们在本书开篇看到的几个成功案例。我相信榜样可以为后来者照亮前路。

梅勒妮·德彭是一名来自宾夕法尼亚的企业家，她的故事同样激励着我以及"早起俱乐部"的伙伴们。她说："我已经坚持践行'神奇的早起'计划 79 天了。从第一天开始，我就再也没有晚起过。坦白讲，这还是我人生中第一次如此持之以恒地做一件事！现在，我希望自己以后每天都能早起。太神奇了，'神奇的早起'彻底改变了我的人生。"

我真希望自己在大学阶段甚至高中时期就发明了"神奇的早起"。一名来自加利福尼亚州的大学生迈克尔·里夫斯也说："当我第一次听说这本书时，我想'这很疯狂，但或许值得一试'。我是一名大学生，每年要上 19 门课，每天都很忙，根本没时间实现其他目标。学习'神奇的早起'前，我每天 7：00～9：00 起床，因为要养足精神上课。但现在我每天都是 5：00 起床，个人发展方面也取得了很多成就。我爱'神奇的早起'！"

纳坦亚·格林是一名来自加利福尼亚州萨克拉门托市的瑜伽教练。她在加州上大学时就已经开始利用"神奇的早起"挖掘自身的潜力："我从 2009 年 12 月开始进行'神奇的早起'，当时我还是加州大学戴维斯分校的学生。进行一段时间后，我发现自己的生活发生了重大的改变——更容易实现长期目标，减肥成功了，找到了新的爱情，成绩取得历史最高分、收入增加了。这一切就发生在短短两个月之内。虽然过了很多年，但'神奇的早起'仍然是我日常生活中不可或缺的一部分。"

一名来自马里兰州的区域经理拉伊·西亚法迪尼说："我真希望自己早点看到这本书。我已经连续进行'神奇的早起'83天了，现在我的思维变得更加敏捷，而且能更好地专注工作，每天都充满活力。感谢'神奇的早起'，无论是生活还是工作，我都比以前过得更加充实富足。"

跳出舒适区，
你的人生才真正开始。

听到来自萨克拉门托市的高级客户经理罗伯·勒罗伊的例子，我兴奋得手舞足蹈起来。他说："几个月前我决定尝试进行'神奇的早起'。结果，我的生活节奏太快，以至于自己都有些跟不上了！但从此以后，我就变得更优秀了。本来我的业务处于泥沼之中，自从开始进行'神奇的早起'，我发现每天只需要认真地工作，就能挽救自己的事业。"

这些成功案例的主角都是普通人。他们通过"神奇的早起"越过潜能鸿沟，取得自己真正想要的成功。现在，我再强调一次：如果别人能做到，我们也能做到。

最后三步

第一步：

神奇的早起30天人生蜕变大挑战快速开始指南

请访问 www.TMMBook.com，免费下载"神奇的早起30天人生蜕变大挑战快速开始指南"，其中包含预备练习、自我肯定宣言、每日核查表、成果记录表等，它们能够帮你迅速开启30天人生蜕变大挑战。现在就请用几分钟做好这些准备。

第二步：

为明天的第一次"神奇的早起"做好计划

你需要马上制订第一次进行"神奇的早起"的计划，最好明天就开始实行。每天早晨，当家人还在睡梦中时，我就已经在起居室的沙发上进行"神奇的早起"了；还有很多人选择在室外进行"神奇的早起"，比如门廊或阳台，甚至公园附近。你可以选一个让自己觉得最舒服的地方，确保自己不会受到干扰。

第三步：

阅读快速开始指南第一页，并进行锻炼

首先阅读"神奇的早起30天人生蜕变大挑战快速开始指南"的前言，按照指示完成预备练习。就像人生中其他的事情一样，为了成功地实现蜕变，你需要做准备活动：首先，做预备练习非

常重要，通常它不会超过 30 ～ 60 分钟；其次，你还需要为第二天进行"神奇的早起"做好心理、情感和后勤上的准备。准备步骤可参考第 5 章。

成就被分享之后，才叫成功

第 3 章中我们讨论了责任感和成功之间的必然联系。由于增强责任感对我们有极大的益处，因此我强烈推荐你找一位志趣相投且责任感较强的伙伴，加入你的"神奇的早起 30 天人生蜕变大挑战"。拥有一位高度负责的伙伴，不仅可以提高成功率，还能让"神奇的早起"变得更加有趣。如果你对某项活动很感兴趣，想要进行尝试，那么它很可能成为你坚持下去的强大动力。同时，如果你的朋友、家人或者同事也对那项活动感兴趣，你就能获得双倍坚持下去的力量。

请通过电话、短信或邮件邀请人们加入"神奇的早起 30 天人生蜕变大挑战"。最高效的方法就是将网站链接 www.MiracleMorning.com 发给他们，这样他们就可以马上开始免费的"神奇的早起速成课"。

✓ 两章"神奇的早起"免费内容；

✓ "神奇的早起"免费培训视频；

✓ "神奇的早起"免费培训音频；

　　是的，以上资源全部免费。寻找一位与你志趣相投且同样决心提升人生层次的伙伴，这样你们就可以相互支持、鼓励与监督。

　　请注意，不要一直等找到了伙伴才开始进行"神奇的早起"。请以最快的速度开始进行"神奇的早起30天人生蜕变大挑战"。无论你能否找到同伴，我都建议你明天就开始执行。不要等待，不要犹豫。当你提前开始体验时，就能更好地启发后来的同伴。所以马上就开始吧，邀请你的朋友或同事加入进来，访问 www.MiracleMorning.com，获取免费的"神奇的早起速成课"。

　　不用一个小时，他们就能做好准备加入你的挑战。

　　你想将生活或工作提升到什么层次？为了达到那个层次，你需要改变哪些方面？

　　投入30天，一步一步地行动，全面改变自己的人生吧。无论你的过去如何，你都能改变现在、创造未来。

人生最幸福的事，
就是梦醒之后，真的成了梦想中的自己

> 每天早晨起床时，你都应该这样想："今早醒来真幸运，我还活着，我还拥有珍贵的人生，我不能浪费它。我将倾尽全力实现自我发展，打开自己的心扉，尽自己最大的努力为他人带去幸福。"
>
> ——佚名

你是什么样的人，就会取得什么样的成就。但你现在的选择才能决定你的未来。

你有权选择如何经营自己的人生，如果今天就能开始创造一个充满快乐、健康、财富、成功和爱的人生，那就不要推到明天。

我的导师凯文·布雷西时常告诫我："等待不能让你成功。"如果你想改变人生，先改变自己。请访问www.TMMBook.com，下载"神奇的早起30天人生蜕变大挑战快速开始指南"，无论你能否找到志同道合的伙伴，马上开始进行你的第一次"神奇的早起"，正式启动"神奇的早起30天人生蜕变大挑战"项目。要知道，明天就是你踏上创造非凡人生旅程的第一天。

如果你需要我的支持或帮助，请不要害羞，直接联系我。

我总是乐于认识与自己志趣相投的人，而且总能从读者、观众或听众身上学到很多。因此，如果你有任何问题，或者只是想跟我打招呼，请访问 www.YoPalHal.com，点击"联系"按钮，向我发送私信。期待能够收到你的消息，我很想知道自己能够怎样帮助你改变人生。

特别邀请 I ：加入早起俱乐部

"神奇的早起"的粉丝和读者自发组建了一个非凡的社区，大家每天早晨都带着目标和梦想醒来，决心发掘自己的潜力。作为"神奇的早起"的创始人，我认为自己有责任创建一个官方网络社区，以便让读者和粉丝相互分享、鼓励和支持。

其实我从未想过"神奇的早起"社区某天会成为自己见过最具正能量、启发性，最受大家喜爱，以及最负责任的在线社区之一。可事情就这样发生了，我完全被社区成员的表现折服了。

请访问 www.MyTMMCommunity.com，并加入 Facebook 的"早起俱乐部"。你将认识许多志同道合的伙伴，他们早就在进行"神奇的早起"，其中不少人甚至坚持了很多年。他们将给予你最好的支持与帮助。我会定期主持社区活动，希望能看到你的身影！

如果你想在社交媒体上私下联系我，请关注我的 Twitter@HalElrod，以及 Facebook 主页 www.Facebook.com/YoPalHal。请不要拘谨，直接给我发私信、写留言，或者问我任何问题。我会尽自己最大的努力逐一答复你们！所以，不要再犹豫了，马上和我联系吧！

特别邀请 II ：一封神奇的邮件

凌晨 2∶00，还借住在朋友马特家里的我仍然毫无睡意。坐在廉价的仿松木桌子前，环视狭窄的 12 平方米空间，我认为必须改变现状，或者改变自己。

我沮丧地盯着笔记本电脑，突然灵光一闪。打开邮箱，我在收件人一栏添加不同的联系人地址，包括好友、家人、同事、前老板、现女友，甚至前女友。

我已经做好改变自己的人生、挖掘巨大潜能的准备了。我认为如果想要客观地评价自己，认清自己的位置，以及了解自己需要改进的地方，就应该向最熟悉自己的人寻求反馈。

输入 23 个收件人之后，我停了下来。因为我是乔丹的铁杆

粉丝，所以对 23 情有独钟。随后，我开始写邮件。我告诉他们，我想要实现自我成长，成为更好的朋友、儿子、兄弟和同事，因此需要通过他们的视角客观地认识自己。我请求他们在早晨花几分钟时间回复我的邮件，告诉我他们眼中的我最需要在哪三个领域改变自己；同时我希望他们能直言不讳，我保证不会因此感到受伤。如果说我会因为什么事情而伤心，那就是他们对我有所保留，因为这样我就失去了宝贵的成长机会。

我从来没有写过这么费神的邮件，差点儿就要放弃了。虽然很想直接把它删掉，但我并没有那样做。我深呼吸一下，点击了"发送"，随后就回到床上准备睡觉，期待明天早上看到他们的回复。

6 小时后，我醒过来了。我无法想象自己真的在凌晨 2：00 发出了很多封电子邮件。我登录自己的邮箱，看到两封回复邮件。其中一封是母亲回复的，另外一封来自我当时的同事——区域经理 J. 布拉德·布里顿。在打开他们的回信前，我暂停了几秒钟，提醒自己这些邮件主要是为了促进自我成长，因此无论上面写了什么，我都要虚心接受，而不是生气。其实说起来容易做起来难，可无论如何我都要硬着头皮继续下去。

我首先打开了母亲的邮件。

嗨！儿子，我收到了你的邮件。好吧，你知道，你在我眼中就是完美的！可是如果你一定让我给出一些建

议的话，那就是你应该多给我打电话！我知道你很忙，

可如果你每隔一阵子就给我打个电话，我真的会很高兴。

不管怎样，我爱你！常回家看看……爱你的妈妈。

我在电脑上新建了一个空白文档，取名为"建设性反馈及新承诺"，上面写下"第一，每周至少给妈妈打一个电话"。

随后，我打开了 J. 布拉德·布里顿的邮件。布里顿是我见过的最具有正能量的人之一，我一直很敬仰他，而且从他身上学到很多。虽然我们只在公司年会和公司组织的旅游活动中见过几次，但他很了解我，至少很了解我的专业能力。

亲爱的哈尔！我喜欢你这封邮件。不过，除非你允

许我列出自己最欣赏你的三个优点，否则我不会给出三

个建设性反馈。成交？好的……

布里顿在后文中指出了我在工作和社交上的几个"盲点"，每一个都让我醍醐灌顶。但他的一些话让我感觉有些受伤与愤懑：这不是真的，我不是这样的人，他明显没有想象中那么了解我。

随后，我意识到其实他的批评准确与否并不重要，因为这就是我在他面前表现出来的形象，或许我在别人眼中也是这样。重

早起的奇迹

要的是我不仅要知道自己是谁，而且还要坚守自己的价值观，将其融入人际关系中。回复邮件一封一封地出现了，截至周末，我一共收到 17 封回复。每一封都写有他们经过深思熟虑后向我提出的建议。我将它们都记录在"建设性反馈及新承诺"文档上。结果如何？

与过去五年相比（甚至前半生），我从这些回复邮件中学得更多、成长得更快。真是太不可思议了。我要将自己放在被攻击的位置，直面所有的缺点。这让我获得了改变人生，提升职业水平，改善人际关系的机会。是的，我鼓起勇气，发了一封可以改变自己人生的邮件。

后文中我将附上那篇改变了自己人生的邮件。我会将邮件原封不动地分享给你，方便你参考，同时你也可以发到自己的朋友圈。在此之前，我想和你分享一封从我的客户特鲁迪那里得到的积极反馈的邮件。

　　哈尔，我简直不敢相信，你让我们分享的那封邮件居然如此高效。我从朋友和情人那里收到了邮件回复，他们都从不同的角度列出了我的缺点和优点。从此我对自己有了更加全面、客观的认识，我很感激每个人提供的帮助。收到邮件的人肯定也认为这封邮件十分特别！
　　谢谢你，哈尔，谢谢你对我的帮助。

我们应该从以下几个方面解读这封邮件：

问题：逃避反馈。大多数人都不喜欢负面的反馈，为了防止收到负面反馈，他们干脆极力逃避所有的反馈。这使得他们无法获得关于自己优势与劣势的宝贵数据，从而失去了发挥优势、弥补劣势的机会。

解决方案：主动向了解自己的人寻求反馈，吸取别人的建议。这是加速自我发展和取得成功最高效、最快捷的途径。

说明：参照下文写邮件，发送给 5 ~ 30 位了解你的人，邀请他们针对你的优缺点进行客观评价。收件人可以是你的朋友、家人、同事、老师、前员工、前上司、前客户或前任女友（男友）。

重要提示：记得隐藏群发状态，通过复制邮件正文的方式逐一发送。

标题栏："重要邮件"或"很想知道你的观点"

邮件正文：

亲爱的朋友、家人、同事：

感谢你点开这封邮件，这封邮件对我意义十分重大。非常感谢你为此花费宝贵的时间，盼望你的回复。

此邮件只发送给包括你在内的一小部分人。因为你们都很了解我，所以我希望从你们口中得到最真实的反馈建议。请谈谈我的优点和缺点，其中请多谈谈我需要改进的地方。

此前我从未做过这种事，但为了个人成长和进步，我必须对自己在别人眼中的形象有一个客观清晰地认识，这对我非常重要。为了创造自己想要的生活，为了成为自己想要成为的人，我需要你的反馈。

请你用几分钟的时间回复这封邮件，写出 2 ~ 3 个你认为我最需要改进的地方。如果你不好意思写出我的缺点，欢迎你写出 2 ~ 3 个我的优点。请不要只说好话，或者对我有所保留。我不会对你的诚实生气。事实上，你越是直接地评价我，对我的帮助就越大。

再次感谢，如果我能帮到你什么，请不要客气。

再次感谢。

真诚的 XX

我希望你能加入我、特鲁迪和众多客户的行列，鼓起勇气，发出上面这封邮件。它能给你带来许多好处，包括更高的自我觉醒度、更深的自我认知，并以最快的速度提升自己的人生。

再次感谢。

一些你用得上的格言

有时候，一个想法就能改变我们的思考角度、感受和生活方式。我喜欢用发人深省的格言传递强大的理念。因此我总是热衷于收集各种各样的格言，以启发、激励他人成为更好的自己。

以下是我最喜欢，同时也是最受人们欢迎的格言。如果你很喜欢其中某些格言，请将它添加到你的自我肯定宣言中，并在 Facebook 或 Twitter 上进行分享，或者将它们放在你的电脑桌面上，印在衣服上，甚至纹在后背上等。

创造自己梦想的人生，热爱自己现有的生活。不要以为只有实现了前者，才能开始后者。

你如今在什么地方，取决于你是什么样的人；但你今后要去哪个地方，则取决于你选择成为什么样的人。

放弃幻想，成就真实的自我。做自己、爱自己，他人自然就会爱你。

用执着代替疑虑，用感恩代替抱怨，用爱代替恐惧。

感恩你拥有的一切，接受你没有得到的一切，创造你想要的一切。

人生不是用来抱怨自己没有得到的，而是应该享受

 早起的奇迹

自己拥有的。爱自己，积极进取。

世人都说同病相怜，却不知庸才也相怜。不要让他人的平庸影响你发挥潜能。

不要尝试给人留下深刻的印象，而要思考如何为他人的人生增加价值。

当你选择承担人生的一切责任，你就拥有力量改变自己的人生。

幸福很简单，将能让自己幸福的一切要素都掌握在我们手中，时刻谨记这一点。

不要恐惧，你永远不可能失败。你只需要不断地学习、成长，成为更好的自己。

你自己决定了现在的人生，但也是暂时的。你走到今天这一步，是为了学习你必须学到的事物，成为你应该成为的人，创造自己想要的未来。

　　哪怕生活困难重重，当下也永远是我们学习、成长的最佳时机。

　　你将成为什么样的人，比现在做什么更为重要。但是你现在做什么，决定了你将要成为什么样的人。

　　当你决定不再接受平庸，整个人生就能发生改变。今天永远是你人生中最重要的一天，因为你每天的选择和行动决定了自己的未来。

　　普通人用情感决定行动，成功者用承诺约束行动。

　　每天都要朝梦想大步前进，不要停下，没有任何事物可以阻止你。

至少读完最后一段，这是写给你的

这或许是本书最难写的部分。并不是我没有感恩之心，恰恰相反，因为我要感谢的人实在太多了，区区几页纸根本写不完。事实上，我可能需要再写一本"神奇的早起致谢名单"。虽然不知道有多少人愿意阅读，但我一定写得很愉快。

首先，我要感谢的人是我的母亲。感谢你一直以来对我的信任，必要时对我的严格管束，我至今仍需要你的教导。你应该多来看看我！

父亲，你是我这辈子最好的朋友。我之所以能拥有今天的成就完全是因为你，你塑造了我的价值观，培养了我的良好品质。长大之后，我对此尤为感激。我要把你的教导继续传给我的孩子。我爱你，父亲。

海莉（Hayley），你是世界上最棒的妹妹。你不仅是我的好妹妹，更是我的好朋友。你真诚、善良、积极乐观、幽默风趣，不论做什么你都选择永远支持我。感谢上帝让你成为我的妹妹，我再也找不到比你更棒的亲人了。

我的梦中女神乌尔苏拉。你是我梦寐以求的一切，是我始料未及的幸福。我的生命不能没有你。感谢上帝让我遇到这么完美的你，我们将继续携手创造生活。谢谢你把可爱的孩子——索菲亚（Sophie）和哈尔斯汀（Halsten）带给我。因为你，我们的家庭充满了爱和幸福。

索菲亚和哈尔斯汀，虽然你们还不识字，但我想说的是，我爱你们。你们是我梦寐以求的小天使，感谢你们每天带给我的快乐和幸福。

感谢姨妈、舅舅、叔叔、堂兄、表兄、爷爷、奶奶、外公、外婆对我无限的关爱。我爱你们，我很珍惜和你们相处的时刻。希望我们能够常常相聚！

我的其他亲戚——马雷克（Marek）、梅拉（Maryla）、史蒂夫（Steve）、琳达（Linda）、亚当（Adam）和阿尼亚（Ania），感谢上帝，让我成为你们家人当中的一员。

所有的朋友，我们一起度过那么多快乐的时光，你们让我变得更好。友谊万岁！我爱你们：杰里米·卡滕（Jeremy Katen）、乔恩·伯格霍夫（Jon Berghoff）、马特·里克（Matt Recore）、乔恩·弗罗曼（Jon Vroman）、杰西·莱文（Jesse Levine）、布拉德·魏默特（Brad Weimert）、露丝·菲尔茨（Ruth Fields）、约翰·鲁林（John Ruhlin）、皮特·格德（Peter Voogd）、泰迪·沃森（Teddy Watson）、托尼·卡尔斯顿（Tony Carlston）、拉里·罗德里格斯（Larry Rodriguez）、亚历克斯·海登（Alex Hayden）以及布莱恩·比德尔（Brian Bedel）。还有很多我没有提到的朋友，我爱你们。

感谢公司的领导为我提供宝贵的工作机会。感谢董事长布鲁斯·古德曼（Bruce Goodman）、艾尔·迪莱昂纳多（Al DiLeonardo）、约翰·惠尔普利（John Whelpley）和执行副总裁艾马尔·戴夫（Amar Dav）。你们优秀的领导力总是能够积极地影响人们。感谢你们为我提供的帮助。

感谢区域经理杰夫·布里（Jeff Bry）、厄尔·凯利（Earl Kelly）、斯科特·丹尼斯（Scott Dennis）、P.J. 波特（P.J. Potter）、劳埃德·里根（Loyd Reagan）和麦克·穆里尔（Mike Muriel），以及诸位部门经理让我发挥自己的才干，谢谢你们不断地给我机会，让我能够继续影响其他人。

还有我的管理团队，感谢你们无私的奉献。你们的付出和努力帮助了包括我在内的世界上成千上万的人。我真诚地感谢你们每一个人。

感谢加拿大分公司的领导和同事，虽然时隔多年，我仍然记得你们第一次邀请我担任会议演讲嘉宾时自己有多兴奋。你们总

是那么慷慨热情，希望以后我们可以继续合作。

谢谢本书的编辑——乔尔·D（Joel D）和苏·坎菲尔德（Sue Canfield）。你们是我再次写书的动力。如果不是你们的专业知识和责任感，这本书根本就无法面世。

感谢我才华横溢的好友、BookMama.com 的创始人琳达·西韦特森（Linda Sivertsen）。你拥有令人惊叹的天赋，可以将任何作者的著作变成一本畅销书。谢谢你为这本书作出的贡献。

感谢创建 InspireMeToday.com 的盖尔·琳妮·古德温（Gail Lynne Goodwin）。你是我遇见过最善良、最慷慨、最会鼓舞人心的人。感谢生命中有你，我甚至等不及要和你一起去航海。

我还要感谢所有为我树立了榜样，帮助我渡过各种难关的老师和作家：罗宾·夏玛（Robin Sharma）、布伦登·伯查德（Brendon Burchard）、托尼·罗宾斯（Tony Robbins）、史蒂夫·哈里斯（Steve Harris）、戴夫·杜兰德（Dave Durand）、蒂姆·菲利斯（Tim Ferris）、马修·凯利（Matthew Kelly）、鲁迪（Rudy Ruettiger）、安东尼·伯克（Anthony Burke）、杰夫·苏（Jeff Sooey）、韦恩·戴尔（Wayne Dyer）、比尔（Bill）、斯蒂芬妮·钱德勒（Stephanie Chandler）、詹姆斯·马林查克（James Malinchak）、罗杰·克劳福（Roger Crawford）、凯文·布雷西（Kevin Bracy）、威尔·鲍文（Will Bowen）、T.哈里·埃克（T. Harv Eker）、约翰·马克斯（John Maxwell）、埃卡特·托尔（Eckart Tolle）、戴夫·拉姆

齐（Dave Ramsey）、肯·威尔伯（Ken Wilber）、赛思·戈丁（Seth Godin）、安德鲁·科恩（Andrew Cohen）、德里克·西弗斯（Derek Sivers）、克里斯·布罗根（Chris Brogan）、乔纳森·斯普林克斯（Jonathan Sprinkles）、乔纳森·巴德（Jonathan Budd）和迈克尔·艾斯伯格（Michael Ellsberg）。

我要特别感谢凯文·布雷西。我开始自己第一次"神奇的早起"前，曾接受你的培训。正是因为你，我才决定开始突破自我。当时你不断地提醒我："如果你希望拥有非凡的人生，那就必须做一些与众不同的事。"如果不是你，或许我永远都不会在早晨5：00起床，更不要说写这本书。谢谢你。

我还要特别致谢詹姆斯·马林查克。当我第一次跟你谈到"神奇的早起"时，你非常兴奋，不断地鼓励我："哈尔，你根本不知道它有多伟大，更不知道自己能影响多少人！"你让无数人找到了自己的使命，我也有幸成为其中之一。谢谢你。

谢谢J.布拉德·布里顿，你给我上了人生中最宝贵的一堂课。我将继续和全世界的人分享：我们应该做正确而不是容易的事。

亚当·斯托克，感谢你一直以来为我的人生赋予价值与智慧。作为商业教练，你对我的帮助非常巨大！

我的助手琳达总是努力地工作，以保证客户能享受到最好的服务。谢谢你的付出，谢谢你为我和我的家庭创造的价值。

所有听过我演讲的学生和教育工作者，谢谢你们给我机会，

能够帮助你们是我的荣幸。

我的私人客户和 VIP 培训客户，成为你们的商业教练是我莫大的荣幸，谢谢你们，让我有机会参与你们的活动，帮助你们不断改进。实际上，培训过程中我也从你们身上学到很多。

所有为这本书的发售而付出努力的人，感谢你们的无私奉献，以及对"神奇的早起"的回报。首先，我要感谢本书的销售团队，与你们一起共事真是难忘的体验。你们给予的恩惠我没齿难忘。尤其要感谢凯尔·史密斯（Kyle Smith）、艾萨克·斯特格曼（Isaac Stegman）、格里·君阁（Geri Azinger）、马克·恩赛因（Marc Ensign）、科林·埃利·琳达 (Colleen Elliot Linder)、达西玛 (Dashama)、马克·哈特利 (Mark Hartley)、戴夫·鲍德尔斯（Dave Powders）、乔恩·贝格霍夫（Jon Berghoff）、乔恩·弗罗曼（Jon Vroman）、杰里米·卡腾（Jeremy Katen）、雷恩·怀腾（Ryan Whiten）、罗伯特·冈萨雷斯（Robert Gonzalez）、凯里·斯莫伦斯基（Carey Smolenski）、雷恩·凯西（Ryan Casey）和格雷·斯特林（Greg Strine）。

最后，我要感谢亲爱的读者。谢谢你们让我参与你们的人生。希望以后我们能在Facebook、Twitter和"早起俱乐部"上保持联系。请告诉我你们的近况，如果有什么事情我可以帮你，或者你需要我的支持，请不要犹豫，立即和我联系。

好了，正文阅读到此为止，开始你们创造人生的旅程吧。请

永远不要停下脚步，创造自己应该拥有的人生，并在前进的路上
尽力帮助他人。

　　本书的粉丝和读者为志同道合者建立了一个非凡的俱乐部。这里的人每天早晨都带着目标醒来，决心发挥自己每个方面的潜力。作为"神奇的早起"的创始人，我认为自己有责任创建一个在线社区，让本书在世界各地的读者和粉丝都能够交流心得、分享经验，以及相互支持。他们可以在这里讨论这本书，发送视频，找朋友，甚至交换各自的独创方法。

　　说实话，我根本没想到，早起俱乐部会成为我至今见过的最活跃、最具正能量、最鼓舞人心，且最负责任的在线社区。事实胜于雄辩，我确实被俱乐部成员的口才震惊了。

　　请访问 www.MyTMMCommunity.com[①]，并在 Facebook 上加入早起俱乐部吧。你在这里会遇到无数的同伴，他们当中的许多人都已经坚持早起很多年了。他们可以给予你额外的支持，帮助

①本书提供的部分网址需要一定的网络环境才能打开。——译者注

早起的奇迹

你早日取得成功。我将在俱乐部里主持大局，并进行例行检查，希望能在线上看到你的名字！

如果你想在社交媒体上与我私下交流，请关注我的 Twitter 账号 @HalElrod，以及 Facebook 账号 www.Facebook.com/YoPalHal。请不要拘谨，直接给我发私信、留言或提问皆可。我会尽最大的努力回复你们。所以，请马上和我联系吧！

致以最真诚的感谢

哈尔

哈尔·埃尔罗德
（Hal Elrod）

用早起创造奇迹的人

哈尔·埃尔罗德的亲身经历告诉我们：每个人都可以战胜逆境，创造自己想要的非凡人生。20 岁那年，哈尔的车被一辆雪佛兰汽车迎头撞上，他当场"死亡"6 分钟，折断了 11 根骨头，脑袋也遭受了永久性的损伤，甚至从医生那里得知可能瘫痪的噩耗。但他努力地从重伤中恢复过来了。他拒绝自暴自弃，努力入选公司名人堂，成为超级马拉松选手以及英文亚马逊上排名第一的畅销书作家，还成为嘻哈音乐唱片艺术家、国际励志演说家，最重要的是成为了一位优秀的丈夫和父亲。

哈尔用自己的人生经历告诉世人：如何才能克服挑战，挖掘个人体内蕴藏的无穷潜力。他的另一本书《直面人生：如何爱你

早起的奇迹

所有同时创造你所想》也是英文亚马逊历史上最畅销的图书之一
（读几条评论，你就知道原因了）。

哈尔同时还是美国最厉害的励志演说家之一。各大企业、非
营利组织会定期邀请哈尔担任他们的会议或募集资金活动的演说
嘉宾。他怀着极大的热情为年轻人带去正能量。过去 10 年，美
国和加拿大合计超过 10 万人听过哈尔的演讲，其中约 6 万人是
高中生或大学生。

美国数十家广播台和电视台都邀请哈尔做节目，许多畅销书
中也提到过他，包括《价值百万美金的 7 堂人生经营课》（*The
Education of Millionaires*）、《优势销售》（*Cutting Edge Sales*）、《在
前排度过大学生涯》（*Living College Life in the Front Row*）、《在
线平台建立权威指南》（*The Author's Guide To Building An Online
Platform*）、《轰动销售》（*The 800-Pound Gorilla of Sales*）以及蜚
声全球的《心灵鸡汤》系列（*Chicken Soup for the Soul series*）。

如果你想邀请哈尔参加节目、担任会议嘉宾，或者想要免费
下载培训视频和其他相关资源，请访问 www.YoPalHal.com。

欢迎关注哈尔的 Twitter 账号 @HalElrod。

欢迎关注哈尔的 Facebook 主页 www.Facebook.com/YoPalHal。
欢迎加入"早起俱乐部"www.MyTMMCommunity.com 或者 www.
MiracleMoring.com/China

邀请哈尔到你的现场进行演讲，他保证会为每一位听众带来

最激动人心、充满乐趣、颠覆人生的难忘体验！

过去十几年，哈尔始终被会议策划人视为排名第一的大会发言人。他的演说风格十分独特，非常擅长用难以置信的真实故事激励听众。他的演说语言充满了活力、幽默十足，经常逗得人们哈哈大笑。同时他还会跟听众分享许多具体的策略，教人们如何提升自己的人生。

作为我们的主讲嘉宾，哈尔总是能够得到听众长时间的起立鼓掌，同时也被我们公司列在 30 多名演讲嘉宾之首。

——卡特扣餐具制造公司（Cutco Cutlery）

哈尔曾为我们公司 400 名销售员和经理进行演讲。他给我们制订了一个简单的计划，我们没有其他更好的选择，只能马上执行。

——艺术凡家具公司（Art Van Furniture）

我们最正确的投资之一就是邀请哈尔担任我们公司年会的演讲嘉宾。

——富达国民保险公司（Fidelity National Title）

THE MIRACLE MORNING
BEFORE 8AM

推荐书单

以下是我推荐的各领域最具权威性和实用性的书籍。

📖 健康类图书

尼克·奥特纳（Nick Ortner）:《轻疗愈》（*The Tapping Solution*）

吉恩·斯通（Gene Stone）和考德威尔·B. 埃塞斯廷（Caldwell B. Esselstyn）:《叉在刀上》（*Forks Over Knives*）

唐娜·盖茨（Donna Gates）:《身体生态学饮食》（*The Body Ecology Diet*）

📖 人际关系类图书

艾伦·C. 福克斯（Alan C.Fox）:《拥抱不完美，与更好的自

早起的奇迹

己相遇》（*People Tools*）

堂·米格尔·路易兹（Don Miguel Ruiz）:《相信爱，用心爱：写给"再也不相信爱情"的你》（*The Mastery of Love*）

盖瑞·查普曼（Gary Chapman）:《爱的五种语言》（*The 5 Love Languages*）

📖 经管类图书

比尔·乔治（Bill George）:《真北》（*True North*）

杰·亚伯拉罕（Jay Abraham）:《优势策略营销》（*Abraham 101*）

大卫·汉森（David Hansson）和贾森·弗里德（Jason Fried）:《重来》（*Rework*）

📖 财富类

罗杰·詹姆斯·汉密尔顿（Roger James Hamilton）:《富定位，穷定位》（*The Millionaire Master Plan*）

拿破仑·希尔（Napoleon Hill）:《思考致富》

T. 哈维·埃克（T. Harv Eker）:《百万富翁的思维密码》（*Secrets of the Millionaire Mind*）

M.J. 德马科（MJ DeMarco）:《百万富翁快车道》（*The Millionaire Fastlane*）

174

📖 个人提升类图书

马歇尔·古德史密斯（Marshall Goldsmith）:《习惯力》(*What Got You Here Won't Get You There*)

吉姆·洛尔（Jim Loehr）和托尼·施瓦茨（Tony Schwartz）:《精力管理》(*The Power of Full Engagement*)

杰克·坎菲尔德（Jack Canfield）、莱斯·休伊特（Les Hewitt）和马克·维克托·汉森（Mark Victor Hansen）:《专注的力量》(*The Power of Focus*)

📖 生活类图书

贾尼丝·卡普兰（Janice Kaplan）:《感恩日记》(*Gratitude diaries*)

威尔·鲍温（Will Bowen）:《不抱怨的世界》(*A Complaint Free World*)

艾克哈特·托勒（Eckhart Tolle）:《新世界:灵性的觉醒》(*A New Earth : Awakening to Your Life's Purpose*)

哈尔·埃尔罗德（Hal Elrod）:《直面生活:热爱生活，创造人生》(*Taking Life Head On：How to Love the Life You Have While You Create the Life of Your Dreams*)

哈尔的自我肯定宣言

真正的成功就是热爱我的家人和工作，拥有生活目标，活在当下，每一刻都充满感恩。

最高目标（我每天对任务进行排序,只关注 3 ~ 5 个最高目标）

1. 写作并出版《早起的奇迹》！（克服恐惧！与世界分享"神奇的早起"是我义不容辞的责任！）

2. 每天或每周为我的客户和在线社区增加价值。

3. 将全年的演讲次数限制在 36 场（每月 3 场），多花时间与家人相处。

目标 我的人生目标就是为他人带去价值，这一切的起点是

我要得到自己人生中想要的一切，不停地提升自我，不断地取得更高的成就。这样我才能更快地学会如何帮助他人实现梦想。

家庭　我是一位忠诚的丈夫和负责的父亲，最重要的事情就是永远支持我的家人。

重大突破　将 2012 年变成我人生迄今为止最棒的一年，提升我的人生。我必须主动进行头脑风暴，走出舒适区，学会承担风险，积极采取行动。我必须专注自己现在所处领域之外的目标或项目，比如将《早起的奇迹》变成《纽约时报》的超级畅销书，策划一档电视节目，制作一部《直面人生》的电影等。

无限智慧　只要我不断地祈祷，积极地利用自己的"智慧"，那么，一切皆有可能。尽管我的大脑在生理、心理和情感上都有极大的局限性，只要开启灵魂深处的"慧根"，奇迹随时都可能发生。

财富　2012 年，我对自己的第一个财务承诺是赚到 ××× 美元，全年赚到 ××× 美元。将其中的一半存到银行里，这样我的家庭就有了经济保障。同时，将 10% 的收入捐献给需要帮助的人。因此我赚得越多，存得就越多，对他人的帮助就越大。我赚钱的能力一点儿也不比别人差，同时还将继续保持简朴的生活方式。

真实自我　不再追求完美。我不可能让所有人都满意，有的人会批判我，对我表示深深的憎恶；有的人会称赞我、喜爱我、尊重我，对我表现善意，祈祷我能继续取得成功。真正了解我的人都很欣赏我，因为我为别人带去了价值。他们从财务上支持我，为我提供各种便利与资源，帮助我实现目标。我真心地感谢他们，发誓永远只为他们效劳。

生产力 为了使生产力最大化，我每天要规划 3 ~ 5 小时或半天的时间专注一件事，而不是每 60 秒就换一个目标。

神奇的早起 我要将"神奇的早起"融入自己每天的生活，变成后人学习的榜样，展现它的价值。"神奇的早起"是我带给世界最大的一份礼物，我必须完成它，因为世人需要它。当我不再强迫自己追求完美，专注真实的自我，我就是最棒的。

演讲 我有责任主动宣传自己的演讲，这样更多的人就能从中受益。我把这个任务委派给了我的助手，同时始终给予他们最大的帮助与支持。

VIP 成功训练 我最大的责任就是对客户负责，100% 关注他们，不将他们对我投入的金钱、时间、希望等视作理所当然。努力变成一个更好的教练！做一些超出别人对我的期望的事情，比如发短信、邮件、寄卡片或书等。

休息和放松 为了保证我的幸福、健康，以及不断取得成功，我必须定期休息和放松。旅游和度假可以将我从每日例程和工作环境中解救出来，带给我新的视角和想法，同时让我和家人享受无忧无虑的时光。

沉思 我要花时间进行沉思，问自己如下问题：为了客观地认识自己，哪些方面我要做得很优秀？哪些方面我能继续提升？哪些事情是我应该做的却被忽略了？

克服恐惧与担心 恐惧和担心都源于智力与想象力的不恰当使用。现在我的脑子里只留下积极和自我肯定的想法。此外，我真的不用害怕和担心，因为我不可能失败，只会更加成功。

睡前自我肯定宣言

每天睡前都读一遍《睡前自我肯定》，第二天醒来感觉会大不一样！

首先，今天我已经完成了一切相关任务，为明天做好了准备，包括第二天早晨进行"神奇的早起"所需的一切物品。我将闹钟放到离床较远的地方，这样第二天早晨我就必须强制自己起床按掉它。我设置好了闹铃的时间，而且也已经清楚第二天早晨起床后需要做什么。我预计明天早晨让人既兴奋又激动，因为我已经体验到"神奇的早起"带来的各种益处。它能让我成为自己想要成为的人，持续地吸引、创造并维持我真正渴望的人生。

其次，今天晚上我要在 __ : ___ 上床，第二天 __ : ___ 起床，一共睡 __ 个小时。这个睡眠量完全足够，事实上刚好能够保证我第二天精力充沛。是的，我的思维控制着身体。历史上大多数成功的人每天都只睡 4～6 个小时。不要迷信"睡眠越多越能改变人生"这种说法。事实上，睡眠过多会让我的压力、财务状况、人际关系、职业生涯和生活方式都得不到改善。生活质量通常是由我的清醒时间决定的。

再次，明天我要在 ＿：＿ 起床，这样就能提高我完成本周、本月、本年，甚至是此生目标的概率。明天早晨我一定会准时起床，因为准时起床可以提高我的自律力，帮我在人生各个领域都取得成功。一日之计在于晨，我必须每天都做最好的自己。

最后，不管我需要多久才能入睡，做了什么梦，现在有多么累，明天早晨 ＿：＿ 我一定会准时起床，创造自己非凡的人生。我值得拥有那样的人生。我将在这份挑战宣言后签上自己的名字，保证每天晚上睡前都朗读一次。

签　名：＿＿＿＿＿＿＿

日　期：＿＿＿＿＿＿＿

自我肯定范例

每天读一遍下述宣言，让自己更上一层楼！

第一，我和所有人一样，都有权利也有能力在人生的各个方面取得非凡的成功。关键在于我的决心是否足够坚定。因此从现

在开始，我每天将投入全部精力专注自我发展项目，变得更加自律，努力变成自己想要成为的人，从而吸引、创造并维持我所渴望的成功。

第二，为了兑现上述承诺，我必须始终紧盯目标，将全部的精力都投入进去，做该做的事而不是容易做的事。我承诺每天至少早起时读一遍自我肯定宣言，睡觉前再读一遍。今天我就开始采取必要的行动，朝着梦想迈出脚步。

第三，我将不再甘于平庸，苟且生活，浪费自己的潜能与天赋。事实上，我有责任充实自己的生活，实现自己的人生目标，并为身边的人作出榜样。

为了创造理想的生活，我不能等到某天或某年再开始行动，现在就是最佳的时机。

第四，我意识到除非自己为成功奠定了坚实的基础，否则我无法一直取得成功。为此，我将时常关注他人的需求，抛弃自私自利的行为，力求让每一个活动对所有参与者都有好处。这样别人都愿意帮助我，因为我也愿意帮助他们。

我将消除憎恨、嫉妒、猜忌、自私和嘲讽等负面情绪，培养自己的博爱精神。因为我知道如果对别人有负面情绪，这只会让自己更难取得成功。我要努力让别人相信自己，因为我也相信别人，相信自己。

第五，每天我都将大声朗读一遍自我肯定宣言。我相信，它一定会逐渐地影响我的思维和行动等诸多方面，让我变成一个独立而成功的人。从今往后的每天，我都选择将它变成自己有史以来最棒的一天。

签名 :＿＿＿＿＿＿＿

日期 :＿＿＿＿＿＿＿

快速开始指南

　　欢迎来到"神奇的早起 30 天人生改变大挑战",恭喜你!你拥有非凡的勇气向自己渴望获得的 10 级人生迈出了意义重大的一步。一般而言,每当人们为了取得成功继续前进时,第一步总是最困难的。因此,我很赞赏、尊重你的参与。

　　接下来 30 天,你将在每个领域都打下坚实的基础,改变自己的人生。每天早晨醒来,进行"神奇的早起",你就能以非凡的自律力(帮助你恪守诺言),明晰的思维(帮助你专注于最重要的事项),以及明确的个人发展方向(是对你整体的成功、幸福、人生品质最具有决定性的单一因素)开始每一天。换言之,接下去 30 天,你将迅速成为自己想要成为的人,创造自己渴望的生活。

　　通过进行"神奇的早起",你将重塑自我。不断地尝试之后,

它将变成你的终身习惯，促进你不断前进，提升人生层次。同时，它将充分挖掘你的潜能，帮助你取得前所未有的成就。

除了需要培养成功的习惯外，你还需要培养成功的心态，从内外两方面提升自己的人生。每天练习"神奇的早起 30 天人生拯救大计划"，通过冥想、自我肯定、具象化、锻炼、阅读和书写，你将体验到生理、智力和精神上的改变，并从中受益。你马上就能体会到自己的压力变小了，注意力更加集中，精力更加充沛，心情更加愉悦，并对人生充满了期待。你将变得干劲十足，眼光更加犀利，并获得持续的动机朝着自己的最高目标和梦想前进。

你可以改变人生，但首先你必须有足够的时间投入到自我发展中，成为自己需要成为的人。这就是接下来 30 天将发生在你身上的事情——成为一个全新的自己。如果你十分犹豫，或者担心自己能否经受 30 天的考验，这完全正常，尤其是你从未早起过。记住，我们都患有"后视镜综合征"。你的紧张和犹豫不仅是正常的反应，而且还是你下定决心的征兆，否则你为什么紧张呢？

我非常清楚你在 30 天的时间可以成为什么样的人，经历什么样的巨大转变。接下去的 30 天，你要做好准备面对所有的可能性。因为你将有能力得到自己想要的一切，也值得拥有自己想要的一切，一切都取决于你。现在，你要开始认识并开发自己的潜能了。

附言：开始阅读下一页之前，我希望你可以登录 TMMBook.

com 下载并打印一份"神奇的早起"日记样张，并访问 www.
MyTMMCommunity.com 加入"神奇的早起"社区。

第一步 找出问题

你如今在什么地方，取决于你曾经是谁；但你将来在什么地方，则完全取决于现在你选择成为谁。

澄清头脑，用高质量问题做好心态准备。记住：我们的目标是 30 天"改变人生"。就像其他的事情一样，如果想要发挥"神奇的早起 30 天人生改变大挑战"的全部力量，你需要做些准备工作。请用 30～60 分钟的时间，回答下面五个问题。你在准备过程中越是专注，后续步骤中你就能得到越多的益处。

问题一：你认为哪些方面值得投入精力并对此感激？

我们的幸福感任何时候都与自己内心的感激之情有直接的联系。每时每刻，我们心中都有两张纸：一张列满了让我们感觉不好的事物；另外一张列满了我们感觉很棒且充满感恩的事物。感觉不高兴的人总是为自己的消极和抱怨辩护说"我不是消极，只是现实确实如此"。这是真的吗？如果一个人更关注世界消极的一面，不停地抱怨，那他怎么可能关注那些让自己感恩的事物，还能不断告诉大家世界是美好的？其实消极与积极都是现实，关键在于你选择面对什么样的现实，决定了你拥有什么样的人生品

质。你越是感恩自己人生中遇到的各种美好事物（甚至包括挑战，因为它能让你成长），你就越能感受到快乐、健康和活力！因此，我郑重地邀请你花几分钟时间列出几项让你最为感恩的事情。

_____

_____

_____

问题二：接下去 30 天，你想改变什么？

如果发生了奇迹，明天早上醒来，你发现自己的人生全部都改变了，你想要提升自己人生中的哪些方面？是要更开心、健康、成功，还是要更好的身材、更充沛的精力、更小的压力、更多的钱？你想解决什么问题？你想实现什么目标和梦想？好消息是：你确实可以改变人生的任何方面。所以请将自己想要实现的目标列得越具体越好……

_____

_____

_____

问题三：什么样的恐惧让你无法获得"10 级"成功的人生？

通常，我们内心最深处的恐惧就是导致自己无法提升人生和实现梦想的根源。而且在一般情况下，我们很难意识到掩藏在表象之下的恐惧。尽管大部分人都不愿意正视自己的恐惧，可只有正面迎接它才能克服这种心理障碍。你或许听过这样的谚语："我们唯一值得恐惧的就是恐惧本身。"或者："直面恐惧，恐惧就会自然消失。"你可能也知道"恐惧"（fear）是"近乎为真的假证据"（False Evidence Appearing Real）的首字母缩写。当我们开始做让自己害怕的事情时，恐惧自然而然就消失了，因为"恐惧"往往滋生于"未知"或"对失败的预见"。请坦诚地面对自己，弄清楚到底是什么样的恐惧、不安全感或疑虑让你无法迈开脚步，追求自己想要的人生。

问题四：你需要信仰什么才能帮助自己创造"10级"成功的人生？

信仰是最强大、最具创造性的力量，蕴藏在每个人的体内。我们的人生无论好坏都是自身信仰的产物。如果你发自内心地相信努力就会有回报，你就会一直坚持下去直到取得成功；换言之，如果你并不相信这个信念，你就会在遇到困难的第一时间选择放弃；如果你相信自己值得被别人爱，爱就会找到你；如果你认为自己不值得被别人爱，别人为什么要爱你？如果你相信人性本善，

早起的奇迹

你就会发现别人的善良；如果你相信人性本恶，你就会发现别人的邪恶。因此，你应该有意识地培养自己的积极信仰，让自己能够自信地追逐梦想。《思考致富》的作者拿破仑·希尔说："你相信什么，你就能获得什么。"请认真思考你每天需要巩固哪些方面的信仰，并提醒自己值得，而且也有能力创造自己想要的人生。

问题五：为什么你"必须"现在就改变自己的人生？

我问过每个培训客户这个问题。我告诉他们："你必须说服我，以及说服你自己，为什么你要下定决心准备好付出一切创造自己真正渴望的人生。"换言之，你为什么不想再重复以前平庸的生活？为什么你现在想要改变自己的人生？

第二步 "生命之轮" 评测

生命之轮评测，可以看清自身目前的成功与满意度。

评测生活各方面的成功与满意程度时，所有人都希望每一项都得到 10 分。创造 "10 级人生" 的起点就是客观地评估现在的自己。下图的圆心代表 "0"，从内到外依次代表 1 ~ 10 分。请给自己人生的每个领域打分，涂上颜色。完成之后，你将非常清楚自己目前的状况，知道自己在未来 30 天需要注意哪些领域。

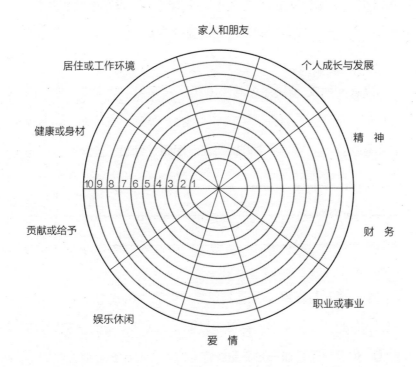

第三步 确定你的 "10 级" 愿景

每天都朝着你的梦想大胆前进，不要停止，没有任何事情可以阻止你。

　　你的"10级"愿景：看清自己在人生各领域想要实现的理想状况。你已经用"生命之轮"客观评测过人生10个关键领域的成功与满意水平，接下来你就要定义自己的"10级"人生。请在下面的空白处描述自己对"10级"人生的定义，这样你就能够在"神奇的早起30天人生改变大挑战"中立即开始行动。记住：一步一步来，你就能改变或创造人生。

　　家人和朋友 请描述你对"10级"人际关系的定义。你可以为他们付出什么？你希望他们如何回报、鼓励、支持你？你准备如何做让自己成为一个更好的朋友、配偶、兄妹、子女？

　　个人成长与发展 请描述自己想象中的"10级"个人成长与发展。你想读多少本书？你每周想进行几次"神奇的早起"？你想找一位导师还是雇一名职业教练？你想参加什么培训班？

健康和身材 请描述自己理想中的"10 级"健康和身材。你准备吃什么或者不吃什么？你想多久锻炼一次身体？你每天的感觉如何？你的体能如何？你对目前的身材感到满意吗？

_____

_____

_____

财务 请描述自己想拥有的"10 级"财务状况。你想要赚多少钱？存多少钱？准备捐献多少钱？你要解决哪些财务问题？请描述你和爱人所憧憬的财务自由的人生。

_____

_____

_____

职业或事业 请描述自己憧憬的"10 级"职业生涯。你想从事什么工作？你想和什么样的人共事？你想在哪里（家、办公室、旅行途中）工作？你想影响多少人？你想创业吗？你想写书吗？你真正想做的是什么？

_____

_____

_____

居住或工作环境 请描述自己"10 级"的生活及工作环境。你想住在哪里？你想改变什么？

_____

_____

_____

娱乐休闲 人生的意义在于享受，请描述自己"10 级"的休闲娱乐。你最喜欢做什么事情？你最大的爱好是什么？你最享受的娱乐活动是什么？

_____

_____

_____

爱情 请描述自己与现任的"10 级"爱情。你想要什么样的爱情？更重要的是你如何才能变成别人的梦中情人，收获一份完美的爱情？

_____

_____

_____

_____

贡献或给予 请描述自己对"10 级"贡献或给予的定义。你愿意帮助他人吗？你想把多少时间、精力、金钱或资源回馈给社会？你想帮助哪些人或哪些组织？

_____

_____

_____

精神 请描述自己的"10 级"精神状态。每天你愿意花多少时间冥想？你多久去一次教堂？你要如何改善自己与上帝之间的关系？

_____

_____

_____

第四步 培养你的"10 级"习惯

"10 级"习惯：培养每日习惯，让成功水到渠成。就如同本书第 8 章所讲，你可以在 30 天时间内养成任何一种习惯，取得各个领域的成功都是努力培养习惯的结果。请描述你的生活领域中 1 ~ 2 个"10 级"的习惯，并在进行"神奇的早起 30 天人生改变大挑战"时培养它们。

家人和朋友 你现在培养什么样的习惯可以维系"10级"的人际关系？每天给一位亲朋好友打电话，询问自己是否可以帮助他们什么？或者表达一下你对他们的关心？

_____

_____

_____

个人成长和发展 你想培养什么习惯让自己获得想要拥有的心态、知识和技巧，创造"10级"人生？很显然，进行"神奇的早起"就是其中一个答案，你还能想到别的方法吗？开车时听励志有声书？还是其他？

_____

_____

_____

健康和身材 你现在可以培养什么习惯帮助自己保持健康和身材？是跑步、健身？还是戒掉垃圾食品？

_____

_____

_____

财务 你现在可以培养什么习惯实现财务自由？是每个月储蓄 10% 的工资？还是减小开支？

_____

_____

_____

_____

职业或事业 你现在可以培养什么习惯帮助自己朝 "10 级" 职业或事业前进？

_____

_____

_____

_____

居住或工作环境 你现在可以培养什么习惯改善自己的工作或居住环境？是每天进行整理？还是重新装修？

_____

_____

_____

_____

娱乐休闲 你现在可以培养什么习惯让自己的人生变得更加有趣？是找到自己的兴趣爱好？还是参加更多的活动？

_____

_____

_____

爱情 你现在可以培养什么习惯让自己吸引或创造"10级"的浪漫关系？

_____

_____

_____

贡献或给予 你现在可以培养什么习惯让自己对社会奉献更多？每个月都给慈善组织捐钱？每周都做义工？还是成为别人的带头大哥或大姐？

_____

_____

_____

_____

精神 你现在可以培养什么习惯改变自己的精神状态？是每日祈祷、冥想？还是去教堂？

_____

_____

_____

第五步 30天人生改变记录表

利用我提供的表格坚持记录每日的进程。如果你想快速体验到"神奇的早起"的妙处，那么我建议你将完整的流程通通经历一遍，包括执行"人生拯救计划"的六个步骤，每天记录自己的进展。除了"人生拯救计划"的六个步骤外，你还可以从上述内容中选择四个能够给自己人生带来重要影响的"10级"习惯，进行为期30天的挑战例程。记录自己行动进展能够增强你的自律力，让你始终积极、坚定地培养自己的"10级"习惯。

说明 请在当天实践的项目下打上"X"；计划暂时不实践的项目下打上"O"；原本计划实践但没有进行的项目下，什么都不要填。显然，你应该尽可能将空白减到最小，但请记住，个人发展的重点在于取得进步，而不是变得完美。因此即使有空白也不要停止，请继续前进，不要气馁。

"10级" 习惯	1	2	3	4	5	6	7	8	9	10	11	12	13	14	15	16	17	18	19	20	21	22	23	24	25	26	27	28	29	30
1. 冥想 (TMM)																														
2. 自我肯定 (TMM)																														
3. 具象化 (TMM)																														
4. 锻炼 (TMM)																														
5. 阅读 (TMM)																														
6. 书写 (TMM)																														
7.																														
8.																														
9.																														
10.																														

案 例

"10级"习惯	1	2	3	4	5	6	7	8	9	10	11	12	13	14	15	16	17	18	19	20	21	22	23	24	25	26	27	28	29	30
1. 冥想 (TMM)	×	×	×	×	×	×	○	×	×	×	×	×	×	○	×	×	×	×	×	×	○	×	×	×	×	×	×	○	×	×
2. 自我肯定 (TMM)	×	×	×	×	×	×	○	×	×	×	×	×	×	○	×	×	×	×	×	×	○	×	×	×	×	×	×	○	×	×
3. 具象化 (TMM)	×	×	×	×	×	×	○	×	×	×	×	×	×	○	×	×	×	×	×	×	○	×	×	×	×	×	×	○	×	×
4. 锻炼 (TMM)	×	×	×	×	×	×	○	×	×	×	×	×	×	○	×	×	×	×	×	×	○	×	×	×	×	×	×	○	×	×
5. 阅读 (TMM)	×	×	×	×	×	×	○	×	×	×	×	×	×	○	×	×	×	×	×	×	○	×	×	×	×	×	×	○	×	×
6. 书写 (TMM)	×	×	×	×	×	×	○	×	×	×	×	×	×	○	×	×	×	×	×	×	○	×	×	×	×	×	×	○	×	×
7. 回顾目标	×	×	×	×	×	×	○	×	×	×	×	×	×	○	×	×	×	×	×	×	○	×	×	×	×	×	×	○	×	×
8. 打30个销售电话	×	×	×	×	×	×	○	×	×	×	×	×	○	○	×	×	×	×	×	○	○	×	×	×	×	×	○	○	×	×
9. 不吃快餐	×	×	×	○	×	×	○	○	×	×	×	×	×	○	×	×	×	×	×	×	○	×	×	×	×	○	×	○	×	×
10. 约会之夜	○	○	○	○	×	×	○	○	○	○	○	○	×	○	×	×	×	×	×	×	○	○	×	×	×	○	×	○	○	○

福利：哈尔·埃尔罗德的励志名言

✓ 追求梦想的同时热爱你现在的生活。选择其中一个并不代表你要放弃另外一个。

✓ 放弃追求完美，追求真实。即摆脱对完美的幻想，寻找真实的自我。成为真正的自己，爱真正的自己，别人也会爱真正的你。

✓ 你现在的人生既是暂时的也是你应该得到的。你走到如今是为了学到自己需要学习的事物，成为自己需要成为的人，创造自己想要的生活。

✓ 哪怕生活困难重重，当下也永远是我们学习、成长的最佳时机。

✓ 感恩你拥有的一切，接受你没有的一切，创造你想要的一切。

✓ 你和任何人一样都有享受幸福、健康、财富和成功的权利。你要坚信这一点，将它铭记在心，今天就采取必要的行动，创造自己想要的壮丽人生。

✓ 当你选择承担自己人生的一切责任时，你就拥有力量改变自己全部的人生。

✔ 将今天变成自己人生有史以来最棒的一天，因为你没有理由不这么做。

✔ 你如今在什么地方取决于你是谁；但你将来会在什么地方则完全取决于你选择成为谁。

神奇的早起日记

我唯一后悔的事情就是没有早点开始写日记。

——哈尔·埃尔罗德

此"神奇的早起日记"属于：

姓　名 _____

地　址 _____

电　话 _____

传　真 _____

电子邮件 _____

博　客 _____

我的"神奇的早起日记"宣言

我 _____ 在此宣誓，每天都写"神奇的早起日记"，因为这不仅能让自己的头脑保证清醒，变得坚强，同时还能保持高度的自我觉醒，实现人生目标与梦想。如果某天没有写日记（我不完美，而且生活的确会出现意外），我承诺将尽快回到正轨，继续写下去，记录生活中发生的重要事件、难忘的经验教训，以及我想感恩的一切。我相信自己和大家一样都值得，而且也有能力拥有健康、幸福、成功的非凡人生。从今天开始，我将每天都朝着目标前进。

签名：_____

日期：_____

如何使用"神奇的早起日记"

欢迎你！我要恭喜你开始每天使用"神奇的早起日记"了。我将快速地向你展示这本日记的使用规则，保证让你受益良多。

"神奇的早起日记"包含日度、月度和年度的格式，可以让你每天都记录自己的经历。同时，你会发现有些地方还需要回顾上周、半年，甚至一整年的经历，将自己的收获转化成资本。

每日：提高你的自我觉醒度

每天开始写"神奇的早起日记"，很快它将变成你的习惯。你只需要付出极小的努力，就能为自己的人生带来极大的价值。事实证明："神奇的早起日记"可以改变你的意识和潜意识，为你取得非凡的成功做好准备。

每周：复习、学习和提高

每周结束后，"神奇的早起日记"都会留出空白让你反思上周的经历，回顾每天发生的事，总结成功的经验和失败的教训。如果你愿意正视自己的优势和劣势，那你将从两方面学到如何变得更优秀。

人生拯救计划：每日跟进自己的进程

如果你看过本书，就一定知道"人生拯救计划"模型如何加速促进个人发展来改变你的人生。如果你还没有读过，没关系，我将在后文摘录一段"人生拯救计划：6 种帮你激发潜能的练习"。

"人生拯救计划"最后的字母 S 代表"书写"（Scribing），后文中我将就如何最大化地利用"神奇的早起日记"给出建议。

6 分钟神奇的早起

大家都很忙，以至于都没时间做对自己有益的事情，因此我

特意摘录了"6分钟神奇的早起",它将告诉你如何在6分钟之内执行"人生拯救计划"。

最后的思考

记住,不论任何时候,如果你想培养一种新习惯或者改变自己的人生,总会感到不舒适。因此如果在写日记的过程中,你感到焦虑或紧张,这完全正常。事实上,如果你丝毫没有不适感,那才不正常!

我敢肯定,你已经从自身经验得知如下事实:万事开头难,越往后就越容易。因此现在请迈出你的第一步。请阅读"人生拯救计划",了解6种帮你激发潜能的练习,或者直接翻到日期为今天的日记本,开始写"神奇的早起日记"吧!

无论如何,这本日记是你送给自己的一份礼物。让奇迹从现在开始发生吧!

第一个月 (52 周的第 1 周)
【本周最高目标】 本周我要全力实现的 3 ~ 5 个最高目标是:

_____

_____

_____

【人生拯救计划】 每天完成相应的练习后请打勾

冥　想………□周一□周二□周三□周四□周五□周六□周日

自我肯定………□周一□周二□周三□周四□周五□周六□周日

具象化………□周一□周二□周三□周四□周五□周六□周日

锻　炼………□周一□周二□周三□周四□周五□周六□周日

阅　读………□周一□周二□周三□周四□周五□周六□周日

书　写………□周一□周二□周三□周四□周五□周六□周日

周一 [　　　　] 我已经准备好而且下定决心要将今年变成自己有史以来最棒的一年。

_____

_____

周二 [　　　　] 我在追求自己梦寐以求的人生，同时也享受了自己现有的生活。

_____

_____

周三 [_____] 我每天都进行"神奇的早起",这样我就能变得更好,创造自己渴望的人生。

_____

_____

_____

周四 [_____] 感恩我拥有的一切,接受我没有的一切,创造我想要的一切。

_____

_____

_____

周五 [_____] 放弃幻想,追求真实自我。

_____

_____

_____

周六 [_____] 我从错误中汲取教训,每周都在进步。

_____

_____

周日 [____]　　每个人身上都有值得我学习的地方。

_____

_____

_____

　　[周总结]　我本周取得了哪些成就？犯了哪些错误？我需要承诺什么让下周做得更好？

_____

_____

_____

第一个月 (52 周的第 2 周)

【本周最高目标】　本周我要全力实现的 3 ~ 5 个最高目标是：

_____

_____

_____

　　【人生拯救计划】　每天完成相应的练习后请打勾

冥　想…………□周一□周二□周三□周四□周五□周六□周日

自我肯定………□周一□周二□周三□周四□周五□周六□周日

早起的奇迹

具象化………	□周一	□周二	□周三	□周四	□周五	□周六	□周日
锻　炼………	□周一	□周二	□周三	□周四	□周五	□周六	□周日
阅　读………	□周一	□周二	□周三	□周四	□周五	□周六	□周日
书　写………	□周一	□周二	□周三	□周四	□周五	□周六	□周日

周一 [　　　] 　我走到如今是为了学习自己需要学习的技能，成为自己想要成为的人，创造自己想要的生活。

_____

_____

周二 [　　　] 　妄想导致担忧，因此我只想象伟大的人或事。

_____

_____

周三 [　　　] 　世上无难事，只怕有心人。

_____

_____

周四 [_____] 你有理由认为今天是人生中最棒的一天。

_____

_____

_____

周五 [_____] 无论开始如何，我都要斗志昂扬地结束本周。

_____

_____

_____

周六 [_____] 我对自己拥有周末充满了感恩。

_____

_____

_____

周日 [_____] 我将用尽全力让下周比本周更好。

_____

_____

_____

_____

[**周总结**] 我本周取得了哪些成就？犯了哪些错误？我需要承诺什么让下周做得更好？

_____

_____

_____

第一个月 (52 周的第 3 周)

【**本周最高目标**】 本周我要全力实现的 3 ~ 5 个最高目标是：

_____

_____

_____

【**人生拯救计划**】 每天完成相应的练习后请打勾

冥　　想…………	□周一	□周二	□周三	□周四	□周五	□周六	□周日
自我肯定………	□周一	□周二	□周三	□周四	□周五	□周六	□周日
具象化…………	□周一	□周二	□周三	□周四	□周五	□周六	□周日
锻　　炼…………	□周一	□周二	□周三	□周四	□周五	□周六	□周日
阅　　读…………	□周一	□周二	□周三	□周四	□周五	□周六	□周日
书　　写…………	□周一	□周二	□周三	□周四	□周五	□周六	□周日

周一 [_____]　　我爱我的生活，因为它是我仅有的人生。

_____

_____

_____

周二 [_____]　　我坦然接受自己无法改变的事情。

_____

_____

_____

周三 [_____]　　我将改变自己能改变的一切。

_____

_____

_____

周四 [_____]　　别人甘于平庸是他们的事，而我要追求卓越。

_____

_____

_____

早起的奇迹

周五 [_____]　我不比任何人差，我值得而且有能力拥有成功的人生。

_____

_____

_____

周六 [_____]　我为伟大而生，我选择创造非凡的人生。

_____

_____

_____

周日 [_____]　人生路上的挑战都是我学习和成长的机会。

_____

_____

_____

[周总结]　我本周取得了哪些成就？犯了哪些错误？我需要承诺什么让下周做得更好？

_____

_____

_____

第一个月（52 周的第 4 周）

【本周最高目标】 本周我要全力实现的 3 ～ 5 个最高目标是：

_____

_____

_____

【人生拯救计划】 每天完成相应的练习后请打勾

冥　想…………	□周一□周二□周三□周四□周五□周六□周日
自我肯定………	□周一□周二□周三□周四□周五□周六□周日
具象化…………	□周一□周二□周三□周四□周五□周六□周日
锻　炼…………	□周一□周二□周三□周四□周五□周六□周日
阅　读…………	□周一□周二□周三□周四□周五□周六□周日
书　写…………	□周一□周二□周三□周四□周五□周六□周日

周一［　　　］ 今天永远是我人生中最重要的一天，因为今天的行动决定了我的未来。

_____

_____

_____

早起的奇迹

周二 [_____] 我享受生命中的每一刻并充满感恩。

_____

_____

_____

周三 [_____] 每天我都带着目标醒来，准备开创自己的
人生。

_____

_____

_____

周四 [_____] 你如今在什么地方取决于你现在是谁；而
你将来在哪儿则完全取决于你选择成为谁。

_____

_____

_____

周五 [_____] 我无条件地热爱自己与他人。

_____

_____

_____

周六 [＿＿＿]　　一切事情的发生都有原因，我有责任为人生中的每件事和每个挑战赋予意义。

———————————————————————

———————————————————————

———————————————————————

周日 [＿＿＿]　　我能改变或创造自己生命中的一切。

———————————————————————

———————————————————————

———————————————————————

[周总结]　　我本周取得了哪些成就，犯了哪些错误？我需要承诺什么让下周做得更好？

———————————————————————

———————————————————————

———————————————————————

"神奇的早起日记"年度总结

我们又度过了不可思议的一年！现在应该回顾一下"神奇的早起日记"，通过 4 个简要的问题客观地评价自己一年中的表现。

早起的奇迹

你即将从上一年的经历中总结出意义非凡的经验，自我觉醒度将得到大幅提高。你可以针对自身的情况进行调整与提升，保证来年在各个方面都做得更好。

谨记，此项总结十分重要。因此，我强烈建议你花几个小时从"神奇的早起日记"的第一页开始，回顾自己一整年的经历，并回答后文4个"有史以来最好的一年"的问题。现在就开始。如果现在没空，请尽早将它安排到你的日程表中。

请记住，这4个问题可谓价值连城，我第一次回答时整整用了一个周末。（提示：你可以花10分钟或者10个小时来回答，未必要像我那样。）

以下是4个简单的问题，请仔细思考，认真回答，按照指导步骤，从答案中汲取真正的价值。

我取得了什么成就？

我对什么感到最失望？

我分别能够从中吸取什么经验教训？

接下来6个月，我最重要的3条生活指导方针是什么？

问题1：我取得了什么成就？

不幸的是，大多数人都认为花时间反省自己的失败比承认取得的成就更容易。如果你总是盯着自己的失败，只会打击你的积

220

极性与自信心。只有承认自己的成功，你才能提升自我认知，自尊自爱、信心十足、乐观地看待自己的能力和未来。

第一次回答这个问题时，我绞尽脑汁罗列了 42 项自己取得的成就。这让我意识到原来自己并没有想象中那么糟糕。

我允许自己对取得的成就感到欣喜。事实上，我甚至闭上了眼睛，面带微笑地一遍又一遍地告诉自己："今年你表现得棒极了，哈尔！今年你表现得棒极了，哈尔！"这听上去或许有点好笑，但偶尔花点时间肯定自己的成就，感觉确实不错！你也试一下吧，最后你一定会为自己感到高兴。

_____

_____

_____

_____

问题 2：我对什么感到最失望？

尽管你没必要进行自我打击，但承认自己对什么失望很重要，这样你才能从中吸取教训，再继续前行。去年你做的哪些事情让自己或别人很失望？哪些目标你还没有完成？你又沾染了哪些坏习惯？

失望是生活的一部分，你肯定有类似的经历，但只要你能够从中学习，它就能促进你的成长，让你在未来不再犯同样的错误。

 早起的奇迹

请回顾过去的 6 个月中，你对什么最失望？

_____

_____

_____

问题 3：我分别能够从中吸取到什么教训？

我有一个方法可以帮助自己在生活各个方面持续取得进步，那就是"从每件事当中学习"。从成就中，你能够学到自己为什么会取得成功；从失败当中，你也能学到是什么思想、行为、情感或习惯正在阻碍你实现目标。通常而言，失败越是惨痛，其中蕴藏的教训就越为宝贵。

_____

_____

_____

_____

问题 4：接下来 6 个月，我最重要的 3 条生活指导方针是什么？

当你肯定了自己取得的成就，接受了自己的失败，并从其中吸取了宝贵的经验教训后，最明智的做法就是为第二年列出 3 条生活指导方针。你可以直接摘抄 3 条经验教训，将它们贴到你每天都能看见的地方。

222

以下是我给自己总结的 3 条指导方针：

✔每次专注一个项目，完成以后，再开始做下一个项目。

✔将不适合自己的任务委派给他人。

✔使自己做的每件事都变得有趣，并注入无条件的爱与最

真挚的感激之情。

那么，接下来 6 个月，你最重要的生活指导方针是什么?

_____

_____

_____

最后，恭喜你利用"神奇的早起日记"第一次记录了自己过

去一年的经历。祝你从中获得自己想要的幸福、健康和成功。

[美] 马歇尔·古德史密斯
马克·莱特尔 著

刘祥亚 译

中资海派出品
定　价：49.80元

**一堂价值 25 万美元的自我管理课
无论你是管理自己，
还是领导一家《财富》500 强企业
都应该杜绝这 20+1 个魔鬼习惯**

每个人都有这样或那样的"小习惯"，它们也许曾是你成功路上的助推剂，但当你想"更上一层楼"的时候，这些习惯却摇身一变成了阻碍你前进的"致命陷阱"：

求胜欲太强：在任何情况下都要不惜一切代价去打败对方，无论这样做是否值得；太喜欢加分，不管有没有必要，每次讨论的时候总是要发表一番自己的见解，对别人进行提示或引导；

喜欢用"不""但是""可是"来开头，对别人提出的任何建议都要唱唱反调，喜欢说："你说得有一定的道理，但是……"

否定别人或故作高深：总要用自己的负面思维去影响周围的人，即便是在毫无必要的时候，比如"让我来告诉你这样做为什么不行"。

**改变顽固的破坏性习惯，在工作与生活中获得你想要的结果
量身定制 360° 反馈环，开启自律与成功之路**

自律是更高级的自控

厨房里飘来培根的香味，让人抑制不住大快朵颐的冲动，却忘记了医生让我们控制胆固醇的建议；

手机铃声响起，我们的眼神不由自主转向亮起的屏幕，却错过了朋友和家人最真挚的眼神；

时钟走到 7：51 时你保证 8：00 开工，半小时后你又把闹钟设在 9：00，你成了"整点爱好者"，却患上了严重的拖延症。

我们的消极反应通常是环境中消极诱因的产物。它们诱使我们以完全不符合自我认知的方式对同事、父母或朋友做出反应。虽然看起来环境并不在我们的掌控中，我们却能选择自己的反应。

然而，选择不等于行动，无论需求多么紧急，改变对我们来说总是很难的事。我们是优秀的策划者，但当环境在工作与生活中发挥影响时，我们就变成了蹩脚的执行者。

[美] 马歇尔·古德史密斯　著
马克·莱特尔

张尧然　译

中资海派出品
定　价：39.80 元

**创建持久的行为习惯，
成为你想成为的人**

**写给善于制定目标，却难以达成目标的你
风行全球！写给成年人的习惯改造书**

"iHappy书友会"会员申请表

姓　名（以身份证为准）：＿＿＿＿＿　　性　别：＿＿＿＿＿＿＿

年　龄：＿＿＿＿＿＿＿＿＿＿　　职　业：＿＿＿＿＿＿＿＿＿

手机号码：＿＿＿＿＿＿＿＿　　E-mail：＿＿＿＿＿＿＿＿＿

邮寄地址：＿＿＿＿＿＿＿＿　　邮政编码：＿＿＿＿＿＿＿＿

微信账号：＿＿＿＿＿＿＿＿＿＿＿（选填）

请严格按上述格式将相关信息发邮件至中资海派"iHappy书友会"会员服务部。

　　邮　箱：szmiss@126.com

　　微信联系方式：请扫描二维码或查找zzhpszpublishing关注"中资海派图书"

中资海派公众号　　中资海派淘宝店

优 惠 订 购	订阅人		部　门		单位名称	
	地　址				邮　编	
	电　话				传　真	
	电子邮箱			公司网址		
	订购书目					
	付款方式	邮局汇款	深圳市中资海派文化传播有限公司 中国深圳银湖路中国脑库A栋四楼　　　邮编：518029			
		银行电汇或转账	户　名：深圳市中资海派文化传播有限公司 开户行：工商银行深圳八卦岭支行 账　号：4000 0273 1920 0685 669 交通银行卡户名：桂林　卡　号：622260 1310006 765820			
	附注	1. 请将订阅单连同汇款单影印件传真或邮寄，以凭办理。 2. 订阅单请用正楷填写清楚，以便以最快方式送达。 3. 咨询热线：0755-25970306 转 158、168　传　真：0755-25970309 转 825 E-mail: szmiss@126.com			

→利用本订购单订购一律享受九折特价优惠。

→团购 30 本以上享受八五折优惠。